微表情心理学

没有看不透的人，没有搞不定的事！

戴 琦◎著

吉林美术出版社 | 全国百佳图书出版单位

图书在版编目（CIP）数据

微表情心理学 / 戴琦著. -- 长春 : 吉林美术出版社, 2017.12

ISBN 978-7-5575-2800-3

Ⅰ. ①微… Ⅱ. ①戴… Ⅲ. ①表情－心理学－通俗读物 Ⅳ. ①B842.6-49

中国版本图书馆CIP数据核字（2017）第168096号

微表情心理学

出 版 人　赵国强
选题策划　张立辉
责任编辑　于丽梅
装帧设计　游　麒
内文排版　秦　颖
出　　版　吉林美术出版社
发　　行　吉林美术出版社
地　　址　长春市人民大街4646号
邮　　编　130021
网　　址　www.jlmspress.com
印　　刷　三河市骏杰印刷有限公司
版　　次　2017年12月第1版
印　　次　2017年12月第1次印刷
开　　本　710mm × 1000mm　1/16
印　　张　14.75
印　　数　1-8 000册
书　　号　ISBN 978-7-5575-2800-3
定　　价　49.00元

前言

PREFACE

在美剧《别对我撒谎》中，男主角卡尔·莱特曼博士非常擅长通过分析一个人的面部表情、肢体语言、声音的变化和说出的话语来察觉真相。比如，当一个人不经意地耸肩、搓手时，他就知道对方在撒谎。并且，他还可以读懂一个人从隐藏在心底的憎恶到性冲动，再到嫉妒的情绪。

在港剧《读心神探》中，重案组高级督察姚学琛同样拥有鉴貌辨色的才能，他能够透过别人细微的肢体语言、表情或声线，轻易看穿对方故意隐藏的事实真相，这让他成为警队破案效率最高的探员。

卡尔·莱特曼博士和姚学琛让很多人对微表情产生了浓厚的兴趣。如果我们也能在生活中通过一些细微的、不经意的动作，判断出一个人的态度是真诚还是敷衍，那一定也是一件很奇妙、很有趣的事。

在孟非和郭德纲两位大腕主持的节目《非常了得》中，美女主持人柳岩曾对孟非、郭德纲进行过现场分析。她说："和两位老师搭档这么久，我也能看得出两位老师的内心，知道最喜欢别人夸你们什么。孟老师喜欢人家夸他善良，郭老师喜欢人家说他一步步走来，太不容易啦！"

对于柳岩的“读心术”，微表情专家姜振宇老师赞口不绝。他分析道：“柳岩说得还是蛮准的，郭老师听的时候在沉思，确实有痛苦的回忆，稍候又马上回到了表演情境，确实说到了他的心坎儿里。孟老师听的时候脸上竟然出现了娇羞的表情。”

一个人的心理无论怎么掩饰，都会通过一些无意识的细微之处表现出来，心理学上就将这种无意识的表情称为“微表情”。虽然微表情的过程几乎只能持续0.04秒，但只要我们善于捕捉，那么别人的“心事”都将在我们面前暴露无遗。

所以，在当今社会，作为心理学的一个细分科目，微表情才会越来越为人们所关注，进而逐渐兴起。在心理学热潮推动微表情心理学迅猛发展的同时，风靡一时的美剧《别对我说谎》、热播一时的脱口秀节目《非常了得》等，都让微表情心理学在我们的生活中得到迅速普及。

在现实生活中，只要我们与人打交道，微表情就会在无形中发挥它那独有而又神奇的作用。当然，还需要强调一点，我们这里所说的表情并非仅指挤眉弄眼、怒目圆睁等面部表情，它还包括我们的“语言表情”、“肢体表情”和

"行为表情"。

比如，当我看到一个人突然抖了抖腿，如果对方不是身体上出现了什么突发疾病的话，就说明他内心的情绪一定发生了什么变化。同理，当一个平时沉默寡言的人突然变得滔滔不绝起来，那也一定是因为发生了什么不同寻常的事情。此外，一个人的习惯动作和语言，比如咬手指、口头禅等，都包含着一个人内心的真实反映。

法国文学家狄德罗曾说过："一个人，他心灵的每一个活动都表现在他的脸上，刻画得很清晰、很明显。"因此，女人可以通过微表情洞悉男人的真情假意，面试官可以通过微表情判断求职者的职业素养，下属可以通过微表情了解上司的真实意图，销售员可以通过微表情摸清客户的心理活动……

通过观察和解读一个人的微表情，不仅可以掌握对方的情绪和想法，还可以深入了解这个人的性格特征和行事风格。在与人相处时，我们会通过一些微表情把自己的内心感受表达给对方看。同样，我们也可以从别人做出的不同表情中，找到对方无意间泄露出的信息，看到对方真实的一面。

这本书从破解他人微表情的一般准则和方法入手，给你一双识人的慧眼和一把度人的尺子，告诉你怎样将微表情这项高难度的技术化繁为简，并巧妙应用于日常生活和工作中，以便你能从一个人的谈吐中推断其修养，从一个人的体态上辨认其性格，从一个人的习惯中洞悉其心机，从细微处察觉其内心。

一旦我们掌握了破解他人微表情的本领，就意味着我们可以轻松地看透身边发生的人和事，勘破一个人的真伪，了解他人潜藏在内心深处的玄机，如此一来，我们就会在对时局的把握上占得先机，进而非常容易地捕捉到成功的机会。

总而言之，只要我们观人于细微、察人于无形，就可以轻而易举地看破他人的内心，让我们轻松地绕过生活中的险滩，以非常从容地心态融入这个社会，游刃有余地面对人生的各种挑战，充分把握局面，把人生的主动权牢牢地掌握在自己手中。

目 录

CONTENTS

第一章

脸部正在泄露内在灵魂的意愿

第二章

听到的不一定是事实，不要轻信你的耳朵

第三章

习惯性动作出卖人心，不经意之处露出马脚

第四章

看透身体微反应，让真相水落石出

第五章

瞬间的表现告诉你他是否值得深交

第六章

恋爱的小动作里，藏着对方不告诉你的秘密

第八章

上司和同事隐瞒了什么？看细节就知道

第九章

拥有敏锐的洞察力，看清对手心中的鬼

WEI
BIAO QING
XIN LI XUE

第一章

脸部正在泄露内在灵魂的意愿

额头真的没有“表情”吗

很多人都觉得，在微表情心理学中，额头没有太多意义。真的是这样吗？俗话说：“将军额头可跑马，宰相肚里能乘船。”额头和肚子一样，都是衡量一个人心胸是否开阔、是否有办大事的气魄的重要“指标”。所以，如果我们想知道一个初次见面的人是否思维敏捷、行动迅速，就可以遵循“看脸先看额头”的理论。

在我们小时候，身边有些老人看到一个孩子就会说：“看看，这孩子额头这么高，将来肯定会有大出息。”或者说：“唉，这孩子额头扁，一看就没什么创造力，将来成不了大事。”

在这里，我们需要先了解一下额头的界定：眉毛以上到头发之间的部分属于前额。但如果我们面前的人是秃顶或者光头，那么他的额头部分则是其眉眼上扬时出现皱纹的部分。此外，额头的宽度一般是其高度的两倍左右。

我们在观察额头的时候，一般都有几个衡量的要素，比如一个人的额头是宽大还是窄小，是平坦还是相对突出，是光滑圆润还是布满皱纹。不同的额头所代表的内容也是迥然不同的。在风水命理学中，一个人的运势好坏，可以由额头推断出来。额头能统镇人的天庭、天中、司空等部位，从而可以决定人的财运、桃花运等。

前人们总结经验发现，额头偏高的人比较早熟，这种人的社会活动能力较强，交际广泛，能够较早地踏入社会，并且比较适合外向的工作；而额头低的人，则性格比较内向，不太擅长社交，比较适合技术类工作，进入社会的时间也较晚。额头比较宽大的人五官分明，脸上的轮廓比较清晰，给人的感觉是豁达、大度；而一个额头比较窄小的人五官则比较精致，给人的感觉是精明、细心。

除此之外，通过额头还可以看出一个人迄今为止经历的所有幸运与不幸的事情。比如说，额头比较饱满的人，通常是在父母关爱、环境优越、良好的教育氛围中成长起来的。而与此相反，一个生活贫困、没有受到亲情滋润、没有接受过完善的教育或者有着痛苦回忆的人，额头上则会显露一些忧愁的痕迹。

最完美的额头就是那种有光泽、稍微向前突出一点的。一个拥有这样额头的人，通常五官端正、仪表堂堂，而且成长环境良好，其性格中也会表现出相对积极乐观的一面，并且这种人的人缘一般比较好，很容易获得他人的帮助。

当然，以上只是一些大概的推断，而在科学领域中，也有额头反映性格的相关研究。例如，从人体结构上来讲，一般额头大的人脑容量也就相对较大，所以头脑比较灵活，有可能会成为顶尖人物。同时，因为一个脑子灵活的人，可以考虑的事很多，也就不会在一件事情上执拗，进而就会表现出豁达、大度的性格。

不过，一个额头宽大的人，除了具有头脑灵活、心胸豁达的优点外，还可能具有不太擅长自我控制的缺点，这种人在做事时，态度一般比较轻佻，或者大大咧咧，容易出现缺乏实干精神、不扎实的问题。

与额头宽大的人相比，额头比较窄的人则会给人一种温顺含蓄的感觉，但这并不代表这类人胆小怕事，而是因为他们骨子里就具有谨慎认真的态度。他们做事踏实、认真、有毅力，也比较擅长察言观色，但容易成为心机比较重、喜怒不形于色、对人怀恨在心的人；做事时，也会因为过于步步为营而表现出鼠目寸光、缺乏的一面。

如果我们想要和一个额头窄小的陌生人相处好，就要注意循序渐进，最好的办法就是先套交情，并且在这个过程中要尽量少开过度的玩笑，这样等彼此熟悉之后，才能更好地打交道。

前额眉眼以上明显向后倾斜，从而使前额部位突出的人，通常具有敏锐洞察力及高速应对力。这类人天生就是一本《十万个为什么》，他们喜欢探究，并能够在最短的时间里发现问题，找到问题的答案。他们思维活跃，虽说有些冲动，但绝对是有理想、有追求的人。

前额凸出，眉眼比较平坦的人，通常比较喜欢推理分析，善于穷究事物，并且具备丰富的想象力。我们耳熟能详的富兰克林、哥白尼、莎士比亚、爱因斯坦……都是额头凸出的梦想者。

除此之外，额头还会出现长短不一的皱纹，可以配合眉眼、鼻子、脸颊等部位形成不同的表情，这些都是我们窥探他人内心想法的有效途径。

眉毛如何“传情达意”

芬兰著名的社会心理学家钱德勒·思威庞特被人们称为“读脸专家”，他表示，在构成人面部表情的器官中，眉毛是最“诚实”的一个，因为它最能表露一个人的心声。比如，当一个人眉毛向下靠近眼睛的时候，表示他更愿意与周围的人接近；而眉毛上挑，则表示这个人需要更多时间适应现在的场合。

眉毛和眼睛总是分不开的，但因为眉毛的变化比眼神的变化更为明显，所以观察眉毛比观察眼神要容易得多。比如，一个人在皱眉，说明他心有疑惑或焦虑；一个人眉毛舒展，则表示他心情愉快；如果对方两条眉毛上扬，就能够知道对方正处于极度惊喜或惊讶的状态。

所以说，平时多留意别人的眉毛，可以给我们的人际交往带来很大的好处。一般来说，通过眉毛的变化，我们可以了解以下这些：

扬眉

拿“扬眉吐气”来说，这是在形容一个人压抑已久的心情突然得到了释放，因此，扬眉就是一个人心情愉悦放松的表现。一般情况下，一个人眉毛高挑表明他正处于否极泰来的境况中，情绪以高兴、畅快为主，但如果一个人过于“扬眉”，就会显得骄傲、傲慢。所以，我们在观察扬眉的时候，一定要注意对方处于哪一个阶段。

皱眉

一个人在遭到侵犯等不好的事情时，心里的恐惧或者厌恶的情绪会不由自主地将眼睛下面的面颊往上挤，以提供最大的防护，而这时眼睛仍然要睁着注意外界的动静，就形成了皱眉的表情。所以，当我们看到一个人的眉毛皱起来的时候，就可以断定他的情绪正处于恐惧或厌恶之中。

闪眉

眉毛先上扬再迅速下降，是一种友善的表示。一般在两位情人相见的刹那，往往会出现这种动作，而且常会伴有扬头微笑或者拥抱。除此之外，在两个人交谈的时候，我们也经常可以看到眉毛的闪动，在这里它是为了加强语气。每当说话的人要强调一个字时，其眉毛就会扬起并瞬间落下。

耸眉

耸眉是指眉毛先扬起，停留片刻再下降的一种动作，通常会伴有嘴角迅速下撇的动作，而脸上其他部位却没有什么明显的变化。这是一种表达不愉快或无可奈何的表情。另外，当一个人在强调自己的观点时，为了让对方赞同自己的观点，往往也会做出这种表情。

倒竖眉

倒竖眉主要用来形容一个人愤怒的表情，比如“剑眉倒竖”。因此，倒竖眉的表情通常表明一个人正处于极度的愤怒之中。

眉毛抬高

眉毛的突然抬高是惊讶的表现，我们可以将它分为完全抬高和半抬高两种情况。眉毛完全抬高，表示难以置信，比如当人们听到一件非常不可思议的新闻时，大多数人都会有这种表情；而眉毛半抬高则表示大吃一惊，它和眉毛完全抬高所表现出的惊讶存在程度上的不同。

眉毛降低

眉毛降低是一种消极情绪下的惊讶表情。一般眉毛半降低表示很不理解，比如当有人做出令我们无法接受的举动时，我们就会将眉毛降低以表示疑惑。如果一个人的眉毛完全放下，则表明对方已经达到了怒不可遏的程度。

眉毛斜挑

眉毛斜挑就是两条眉毛一条降低、一条上扬，大多出现在成年男子的脸上。眉毛斜挑所传达的信息介于扬眉和皱眉之间，扬起的那条眉毛就好像提出一个问号，表现出一个人怀疑的心理。

眉毛上下活动迅速

所谓“眉飞色舞”，说的就是这种变化，一般这种情况的出现往往说明对方的心情非常愉悦，内心极度舒畅。当有人对我们表示亲切，对我们的观点表示赞同的时候，我们也有可能会出现这种表情。

眉毛虽然只是人面部很小的一部分，并且有人的眉毛甚至不是十分明显。

但是，它的一举一动，能够在无形中透露人的心境，给我们一个不用交谈也可以了解他人心理的机会。

为什么眼珠要转来转去

在日常交流和沟通中，我们不难发现，每个人的眼球位置都不是固定的，它会向左、向右、向上、向下不停地转动。很多人会觉得这是再平常不过的现象，但在微表情心理学的研究中，眼球的转动过程与人的心理却有着密切的关系。

著名催眠师、神经语言学创始人理查德·班德勒和约翰·葛林德最早发现眼珠的转动与人的想法相关，他们认为眼球的活动可以分为以下四种情况：

眼球处在右上方，通常说明一个人正在对从未见过的人、物、景象进行想象，并从中创造新的画面组合，比如想象明天要去的地方是什么样子。

眼球处在右下方，通常说明一个人正在体会内心的感受、情感的触动以及身体上的感觉，比如抚摸小猫的感觉、恋爱的滋味、郁闷时的心情等。

眼球处在左上方，通常说明一个人正在回忆过去所见的画面和脑海里的场景，比如昨天午饭吃了几道菜、附近有几间超市等。

眼球处在左下方，通常说明一个人正在有情绪地进行内心对话，比如在心里鼓励自己“要加油”、默默地哼唱一首自己喜欢的歌等。

对于大部分人来说，眼球向左边运动是在对过去进行记忆，向右边运动则是在对未来还没有发生事件进行畅想。当然，左撇子可能会是例外。

心理学家还表示，一般情况下，当人们的眼球往上时，表明其当时的心理与视觉、影像有关；眼球在中间时，与听觉、声音有关；眼球往下时，则与身体上的感觉有关。

比如，当我们询问朋友要不要去爬山时，如果对方的眼睛先向左上方看，接着又向右下方看，就表明他刚开始在回忆爬山的情景，接着又想起当初爬山时的感受。但如果对方听到你的话后，只是很快地向右上方看了一眼，则表示他正在大脑中搜索曾经看到过的爬山照片或影像，然后准备用这些记忆来构建他所知道的爬山经历。

另外，通过对他人眼球的观察，还可以准确地判断出一个人的心理状况。

眼球自然地转动，表示胸怀坦荡

在与人交谈时，一般心怀坦荡的人，眼球都会自然转动，因为他们做什么都问心无愧，从而会让本来就非常自然的眼睛显得更加清澈、干净。另外，心怀坦荡的人还非常自信，而一个自信的人自然不会刻意去躲避他人的眼神。

眼珠向上翻弄，通常表示怀疑

当我们与他人说话的时候，如果对方做出向上翻弄眼珠的动作，并用锐利的眼神盯着我们，那就表示他在怀疑自己听到的内容，希望能从我们的面部反应中了解到我们所说内容的真实性。

眼睛总是望着上方，通常表示敷衍、搪塞

心理专家研究发现，当我们与他人交谈时，如果对方总是望着上方或是长时间地将眼神投注在一件物品上时，就表示他对我们所说的话题已经不感兴趣了，现在只是在敷衍我们。他之所以没有打断我们的话，不过是不想失礼罢了。这时候，如果是一个识趣的人，就应该马上结束这个话题，否则只会让对方心里产生反感。

眼珠左右转动，通常表示内心忐忑

眼珠经常左右转动通常表明一个人正处于不安的状态中。他们大多数人都缺乏安全感，内心深处对一些特定的事物感到异常恐惧，对自己的行为或是言语都没有什么信心，习惯自欺欺人，有些人甚至还有轻度的妄想症，所以总是显得忐忑不安。

眼珠不规则地乱转，往往表示不怀好意

眼珠乱转的人常常会让人觉得不可靠、不正经，其实这不仅仅是一种感觉。心理专家们研究发现，那些在谈话时视线左闪右避，尽量避免与我们接触的人，大多心怀鬼胎、不安好心，又或者他们做了有愧于我们的事。

一个人在与我们谈话时，如果他的眼珠总是乱转，那我们就要小心了，因为对方很可能心里正盘算捉弄我们，甚至可能已经挖好了陷阱等着我们往下跳呢。在面对这种人的时候，千万不能大意，一定要对其有所戒备。

眼球的转动能传达的信息量非常之大，只要我们在日常生活中注意观察、仔细分析，就能找到规律，揣摩出其中暗含的心理秘密。

瞳孔的扩大和缩小暴露了你的秘密

人们常说“眼睛是心灵的窗户”，但现在有许多心理学家则认为，真正的“心灵之窗”并不是眼睛，而是眼睛中的瞳孔。瞳孔是眼球中间的圆形小孔，能够控制眼睛的进光量。

一般情况下，瞳孔直径的变动范围是2.44毫米～5.82毫米。小于2毫米被称为瞳孔缩小，大于6毫米的则叫作瞳孔扩大。一个人瞳孔缩小和扩大的极限分别是1.5毫米和8毫米。

“瞳孔的变化可以反映一个人的情感变化”这一规律，是美国心理学家赫斯偶然发现的。

在翻阅一本精美的动物画册时，赫斯偶然发现妻子的瞳孔一下子变大了。对此，他百思不得其解。之后，他灵光一闪，觉得瞳孔的变化也许与人的情绪反应密切相关。

第二天一早，赫斯带着一张漂亮女子的画像和一些美丽的风景画去了实验室。他让自己的助手翻阅这些画，而自己则观察助手瞳孔的变化。他发现，助手的瞳孔在看到女子画像时会明显扩大。

后来，赫斯又进行了一系列的实验来观察人们的瞳孔状况。结果表明，当人们看见美丽的风景时，瞳孔会明显扩大，反映的是愉快的情绪；当人们看到凶恶的鲨鱼时，瞳孔会普遍缩小，反映的是厌恶的情绪；当大家看到战场上阵亡的士兵、集中营里成堆的尸体时，瞳孔则会出现先扩张又马上缩小的情况，反映的是惊骇的情绪。

赫斯由此得出结论：当人们看到喜欢的人或事物时，瞳孔就会扩大，使眼睛“炯炯有神”“双目生辉”。反之，瞳孔就会缩小。另外，瞳孔是受神经系统支配的，人的主观意识很难控制它。

美国芝加哥大学的心理学教授埃克哈特也曾做过一项实验。当时他随机给一些男女参与者看一些照片，然后观察他们瞳孔的变化，结果发现，女性在看到怀抱孩子的母亲的照片时，瞳孔会比平时扩大25%；而男性看到女性的裸照时，瞳孔会比平时扩大20%。

实验结果表明，人类瞳孔的大小不仅会随周围环境的明暗发生变化，还会受到对目标关心、感兴趣程度的影响。比如，不同的人在看到同样美味的食物时，有些人的瞳孔会扩大25%，而有些人的瞳孔只会扩大15%。因为食物对他们的意义不同，所以他们会根据自己的诉求表达出不同的心理。

“眼睛比嘴巴会说话”，人的心理活动全都显露在眼睛中。即使我们的脸上极力想保持漠不关心的状态，但是我们的瞳孔依然会根据外物而扩大或缩小，进而被细心的人看透。

现在某些珠宝商就具备这种本领，在顾客挑选珠宝时，他们会一直看着顾客的眼睛，然后就可以判断顾客是否已经对某件珠宝产生了兴趣。因为顾客在看到心中喜欢的珠宝时，情绪不免激动，瞳孔自然会随之扩大，这就把他们自己“出卖”了。

我们也可以通过瞳孔的变化来推测他人的心理变化，但瞳孔变化毕竟只有两种，而人的心理变化是多样的，我们要怎么用瞳孔的变化来推测多变的心理呢？下面，我们就来了解一下引起瞳孔发生变化的几个主要因素。

思考

心理学家研究发现，当人们在从事比较费脑筋的工作时，瞳孔都会不自觉地扩大；而当人们的大脑超出负荷时，瞳孔则会缩小。例如让一个人心算不同的算术题，每当问题提出时，他的瞳孔就开始扩大，而当他找到答案时，瞳孔会达到最大，然后迅速缩小，直到他说出答案瞳孔才恢复原状。

性唤起

当人们看到能够引起性唤起的信息时，瞳孔同样会扩大。心理学家专门给接受测试的人看不同的图片，发现那些能够引起性唤起的图片几乎都能让测试者的瞳孔扩大。因此，心理学家认为性唤起也是影响瞳孔变化的因素之一。

但也有部分心理学家认为，这一现象可能是由于测试者对图片感兴趣才引起的，因为之前我们已经说过，能够给自己带来愉悦的信息促使人们扩大瞳孔。

认同

当人们看到不同的人时，瞳孔的直径也是不同的。比如自由党人看见马丁·路德·金的照片时，他们的瞳孔就会扩大；但如果自由党人看到的不是自由党的代表，而是保守党时，他们的瞳孔就会缩小。因此，一个人瞳孔的大小能够反映出我们所看到的人是否与我们属于同类，或者说我们是否认同自己所看到的人。

说谎

当人们说谎时，瞳孔也会发生变化。通常一个人讲实话时，心里比较平静，瞳孔自然是处于正常状态的；但在编造谎言时，由于心里慌张，瞳孔就会扩大。所以有些人在判断别人有没有撒谎时，经常会说："看着我的眼睛。"那就是为了能够根据对方瞳孔的变化，来确定他有没有撒谎。再比如，当我们和客户交谈时，客户嘴上说"不"，但瞳孔却扩大，这就表示对方心里想的与嘴上说的是相反的。

除此之外，身体疼痛时，瞳孔也会扩大。所以，我们在观察一个人瞳孔的变化时，必须要结合当时的各种情况，避免误判。

那些不同的视线在"说"什么

视线指用眼睛看东西时，眼睛与物体之间的假想直线。在那些我们读不懂的视线中，隐藏着不为人知的厌恶、无奈或者爱。只要我们仔细观察，就可以从他人的视线中发现对方深层心理中的情绪，从而在为人处世方面做得更好一点，也能够在今后的生活中少走一些弯路。

学会如何通过一个人视线来了解对方的心理，对我们来说是非常必要的。对于一个人的视线，我们可以从不同角度来分析。

首先，我们要注意对方是否在看着自己，这是关键。其次，对方的视线是直盯着我们，还是一接触就马上移开——不同的视线透露着对方不同的心理状态。最后，观察对方视线的方向和移动轨迹以及视线的集中程度，以便明确对方所要表达的意思。

例如，一个人跟我们有无视线接触，可以说明对方是否对我们有好感或兴趣。如果对方完全不看我们，很可能就代表对我们没有兴趣或没有亲近感。话又说回来，当我们走在路上时，如果发现有陌生人一直盯着我们，那必定会感到不自在，甚至会感到不安和害怕。

对互不相识的人来说，即便双方视线相交也会立刻躲开。这是一种礼貌的行为，因为当一个人被别人看久了，就会有种被看穿内心或被触犯隐私的感觉。

但如果是朋友、夫妻、亲人等关系的人，彼此就会默许自己的隐私权受到一定程度的“侵犯”，这也是为了更好地进行沟通。相识者之间视线相交，就包含着“我要和你说话”的意思。

视线说：“我知道你在想什么。”

在与他人交流时，对方如果能够专注地看着我们，则表示这个人较为诚实（不一定是自始至终盯着不放）；如果对方面带微笑，并且视线中透露出一种温和的信息，则表示对方对我们很尊敬或者很重视我们的谈话；但如果对方从不曾把自己的视线从手中的工作上移开，就说明对方对我们并不“感冒”，是在表达一种怠慢、冷淡、心不在焉的情绪。

此外，如果对方是斜视，那就是在表达对我们的不屑和鄙视；如果对方先对我们扫视一番，然后发出笑声，说明对方在表达他的讥讽；如果对方的视线是严肃的、犀利的，那也许是因为我们在言语上冒犯了对方，对方在警告我们；而如果初次见面，对方率先移开视线，则表明他试图在谈话中站上风。

视线说："我不敢，我有所隐瞒。"

在社交场合，一般性格比较内向的人总是很容易移开自己视线。

美国心理学家理查·科斯曾做过一个实验，他让患有强度自闭症的儿童与陌生的成年人见面，以观察他们注视成年人的时间长度，并且还将成年人蒙眼与不蒙眼两种情况进行比较，结果发现，儿童注视前者的时间居然是后者的三倍。更重要的是，只要双方的视线一接触，他们就会立刻移开自己的视线。

由此推测，性格内向的人多数也无法一直注视他人。所以，如果我们的视线与对方的视线相撞，而对方却迅速地把自己的视线移开，就说明对方的性格比较内向甚至有些自卑。

此外，科斯还通过实验证明，如果一个人是在受人注意时才移开视线，那就意味着他可能心有愧疚或有所隐瞒。

视线说："我对你很有兴趣。"

在现实生活中，如果一个人在面对异性时，只望上一眼便故意移开视线，大都是因为对对方有着强烈的兴趣。例如，在公共汽车上，忽然上来一位年轻貌美的女性，大多数人的目光都会集中在她身上，但那些年轻男性往往会很快把脸扭向一旁。这并不是代表他们没兴趣，相反，他们非常感兴趣，但基于自身的自制力而产生强烈的压抑作用，会让他们把视线投向别处。假如他们的兴趣足够大，便会不自觉地用斜视来偷看，这是因为他们想看清对方，却又不愿让对方知道自己的心思。

另外，有行为学家认为，那些对异性瞄上一眼就马上闭上眼睛的行为，表达的是“我相信你，不怕你”。所以，当一个人在看异性时，并不是把视线移开，而是选择闭上眼后再睁开眼望一望，如此反复，这是一种尊敬与信赖对方的表现。当女性这样看男性的时候，就代表两个人有交往的可能。

人们的视线可谓“一波三折”，但只要我们细心观察，就能够瞬间抓住对方的心理，进而在人际交往中从容应对，占得先机。

蒙娜丽莎到底是紧张、快乐还是悲伤

达·芬奇的肖像杰作《蒙娜丽莎》可谓家喻户晓，在这幅作品中，画中人坐姿优雅、笑容微妙，形象地表达出她内心丰富的感情。她的微笑，有人说是在表达紧张，有人说是在表达快乐，还有人说里面暗含着悲伤。那就究竟是一种怎样的笑容，没人能知道，但可以确定的是，她的微笑所传达的意思远不只是快乐或喜悦这么简单。

一个人的微笑可以表现出很多含义，隐藏着许多心理秘密。

从生理学角度讲，一个正常人的面部有44块肌肉，它能与缠在软骨和骨骼上的血管、神经以及皮肤相互作用、相互关联，进而展示5000多种表情。

例如，一个人嘴角的一边微微上扬，表示轻蔑；眉毛上扬且并拢、眼睛怒视、嘴唇紧锁，表示愤怒；眉间皱起、上唇上扬，表示厌恶；眼角出现类似鹰爪的皱纹、脸颊上扬鼓起、眼窝周围的肌肉被扯动，则表示高兴……

美国著名心理学家保罗·艾克曼用40多年的时间来钻研面部表情与内心真

相的关系，为此，他专门和伙伴拍摄了数千个面部表情与内心感情不一的主题影片，然后通过精确地分析，了解到各个主题人物面部哪些肌肉能够挤压在一起及挤压的程度、次序、时长等，再一一与内心的感情做出对比，结果发现了许多微妙的事情。例如，仅微笑这一种表情，就能分为50种，并且每一种混杂了哪些感情他们都可以分辨出来。

面部表情虽然具有很强的外露性，但类似的表情可能会传递出不同的情绪，有时还会出现复杂难辨的面部表情，所以我们需要仔细分析，避免产生误解。

生活中有许多人会采取假笑方式或“演员伎俩”来掩饰自己的内心，所以我们并不能简单地从别人的面部表情来判断他的情绪。尤其是生存在不同社会中的人，他们为了让自己的面部表情更适用于某些场合，会进行后天的练习。

然而，“演技”并不能完美掩盖真实情感。艾克曼教授发现，感情是意愿无法控制的，所以，压抑之下的真感情也是无法被完美掩盖的，总会有“漏洞”将它出卖。

例如，人在悲伤的时候，嘴角会不自主地下垂——生活中大约只有10%的人可以控制自己嘴角的肌肉——想要假装悲伤，得练习好几百个小时才行。反之，如果一个人心里悲伤却又要强作笑颜，也很难把下垂的嘴角摆成别的样子。

当然，想要解读一个人的内心，只看面部表情是不够的，还需要参考其身体姿势和言语。但不管怎么样，人们的脸上写着自己的真实的情感，只要我们能够掌握一定的面部表情的解码方式，就可以成为读心高手。

鼻子胀大是在表达不满

在传达情绪的器官中，我们的注意力经常放在眼睛和嘴唇上，因为这两个部位很擅长“表现自己”。与变化多端的眼睛和嘴唇不一样，鼻子总是默默地站在一旁，充当“打酱油”的角色。

有心理学家表示，虽然鼻子传递的信息远不如眼睛和嘴丰富，但它同样可以传达出许多有用的信息。只不过因为它“木讷”的表现，让许多人忽视了对它的探究。

事实上，鼻子很愿意参与到微表情中，比如当闻到有刺激性的异味时，鼻孔会明显地伸缩甚至颤抖。从生理学角度来看，鼻子是人呼吸的主要通道，而一个人内心情绪的变化，都会或多或少引起呼吸的变化，从而影响到鼻子外形和色泽的变化。

心理学家发现，在人们交谈的时候，如果一方的鼻子稍微胀大，就意味着这个人有得意或不满的情绪，或许他正在压制某种情感。又比如，当有人皱起鼻子，似乎是闻到了一种难闻的气味时，千万别被它骗了，因为这样的表情再加上严肃的面容，表达的是厌恶和轻蔑的情绪，展现的是一种傲慢、不屑一顾的态度。

法国总统夏尔·戴高乐以其卓著的功勋闻名于世，同样为众人所熟知的，还有他那个高耸的大鼻子。

在法国战后的一个真实的纪录片中，有这样一个镜头：当戴高乐被记者问到一个他认为有失身份的问题时，他高高抬起了自己鼻子，然后对那个提问的记者说："我想我不会回答这个问题。"此时，戴高乐的鼻子就表达了他不满的态度。

也许有人会问："既然高昂的鼻子代表不满，那压低的鼻子是否就代表着满意呢？"并不是。一般情况下，如果一个人的鼻子压得低，更可能是因为这个人正在承受一些压力。当然，抬高鼻子有时也是一种高度自信的表现，而当人处于沮丧状态时，他们也会自然而然地压低鼻子。

有些人的鼻子会出汗，如果这个人天生就容易出汗，那就另当别论了，但如果对方平时没有这种毛病，此时鼻头却不停地冒出汗珠，那就说明对方的心里异常焦躁或紧张。

此外，如果没有特殊情况，一个人的鼻子是不会发生颜色变化的。但如果对方遭受了重大的打击或者遇到了重大的难题，那就要另当别论了。当我们看到有人的鼻子出现变白的状况时，就可以知道这个人多半是遇到了挫折，如生意失败、失恋、家庭有了变故等；如果对方没有经受这些挫折的话，那么多半是因为他正在为做一个重大的决定而犹豫。

除了可以从鼻子的变化中看出一个人的情绪之外，我们还可以通过鼻子的特征了解一个人的性格。比如，肺部功能比较强的人一般鼻孔也比较大，这类人的运动神经往往比较发达，性格也比较活泼，通常是做事果断、进取心强的人；反之，鼻孔较小的人，做事总是浅尝辄止，缺乏壮志雄心，甚至属于懒汉一类。

有句话叫"牵着鼻子走"，常被用来形容找到了控制对方的手段。在人际交往中，我们固然不能牵着别人的鼻子，但如果能够很好地了解鼻子所反映出来的心理，还是可以做到"牵着别人的情绪走"的。

瞧！TA的耳朵有点“发烧”

看到自己心仪很久的姑娘，在办公室被上司骂得狗血淋头，跟朋友争论女明星中谁才是真正的“女神”……这些事看似毫不相干，但当它们发生的时候，我们身上却会呈现出一个共同的反应——耳朵发红。

一般来说，人的耳朵之所以会发热，主要有三种原因：刚做完剧烈的运动；忽然从较低温走到较高温的环境；遭遇害羞、尴尬、与人激烈争辩的状况。这时，人之所以会感到耳根很热，是因为指挥神经引起皮肤血管扩张、心脏跳动加速、血流增快。简单来说，就是因为大脑皮质高度兴奋和紧张。

澳大利亚心理学家尼古拉斯·切伯恩曾明确指出，人的某只耳朵发热，是因这一侧大脑的血液流量增加所致。他说：“如果一侧大脑更加活跃，它就会需要更多的血液。这些血液会流经当侧的颈动脉，流入大脑和内耳，所以测量耳朵温度可以了解同侧大脑的活动情况。”

心理学家通过观察和研究发现，很多人会在谈话过程中做出扯耳朵或摸耳朵的动作。摸耳朵是一种自我安慰的行为，一般当一个人对他人的话题不感兴趣或感到乏味、无聊，甚至对谈话内容感到反感时，就会下意识地摸自己的耳朵，以消除内心的浮躁感。

当一个人紧张或内心不安的时候，往往会做出拉摸耳朵的动作。因为人在焦虑或紧张时，耳垂、脖子等部位的敏感神经会传递出一种令人不舒服的感觉，从而让人不自觉地去触碰耳朵或脖子。

除此之外，当一个人提出某种观点，询问对方的意见时，如果对方犹豫片刻才说“还不错”，然后下意识地拉扯一下耳垂，那他多半是在说谎或表示反对。

耳朵的各种动作可以反映一个人的情绪变化，而耳朵的各种特征可以反映一个人的性格。很多名侦探在查找线索的时候，往往会通过解读耳朵的秘密来了解一个人的内心。而心理学家同样表示，如果能够看破耳朵背后的玄机，即便是初次见面的人，也可以了解对方的性格和心理，掌握人际交往的主动权。

德国威斯巴登医院资深外科教授沃特·哈特巴赫在《耳朵里的秘密》一书中写道：“如果你仔细观察我们的耳朵，你会发现耳朵就像一个倒置的胎儿，头部朝下、臀部朝上。耳朵可以被看作是人体的缩小版，它反映着人体各部位的状况，也反映了一个人的天赋和性格特点。”

耳朵处于五官中唯一“不变”的部位，它不像颧骨或是眉毛、嘴型或脸型，长大后会因受到后天的影响而发生变化。例如，如果一个人过于忧愁或操心，他的眼睛周围就可能会过早地出现皱纹；如果一个人有抽动鼻子的习惯，他鼻子的皮肤就会松弛出皱。但这些情况都不会在耳朵上出现，因此，一个人的耳朵与性格之间联系可能更为紧密。

拿我们常说的“招风耳”来说，拥有招风耳的人一般都是“包打听”，这类人就像情报员一般，能够灵敏快速地搜集到消息，并对判断事情有着自己独到的见解，甚至喜欢从事带有冒险性的工作。此外，他们还具有投机、吹毛求疵、疑心重等特征。

总之，耳朵里藏着许多玄机，如果我们在社交过程中可以读懂耳朵背后的秘密，就可以有效地掌握对方的情绪变化和心理特征，从而更好地了解对方的性格，减少在社交场合可能遇到的尴尬。

嘴的表情，你读懂了吗

嘴巴是人脸上动作非常多变的一个器官，在交流的过程中，嘴部的动作是语言的延续或补充，但在反映信息方面，它却是可以独自成为一个系统的。我们有必要了解一下嘴部动作的意义，以便通过嘴巴的细微变化来把握他人的心理。

斯坦福大学的杰威尔教授曾与809名志愿者进行了5次简短的交流，谈话内容包括家庭、事业、交友、未来和性。最后，杰威尔教授得出这样一些结论：那些嘴唇看起来比较松弛的人中，有70%表示自己在事业上不够坚定；嘴角下撇的人容易对未来表示悲观；嘴角上挑的人中，有90%以上都很开朗，即便遇到挫折，也会对未来充满信心。

西方的一些人体造型艺术家在从事艺术创作的过程中发现，如果一个人的双唇薄而略显干燥，并且唇角常常下垂，表明他是忧郁型的人；如果一个人的双唇富有弹性且较为丰满，但唇角也是下垂的，表明他是性格暴躁的人；如果一个人的唇角经常翘起，那表明他性格中具有许多积极活泼因素；而如果一个人双唇平直，那他的性格则多以恬静为主，气质也是平稳的。

如果说艺术家们年深日久的总结还不够科学的话，那么科学界对人的嘴唇的研究总值得我们信服吧。生物学家达尔文就曾指出，嘴唇能够反映出人的内心，如噘起嘴巴表示否定，以手掩嘴则是一种吃惊的姿势；若一个人在说出话后突然以手掩口，则暴露出一种由自我怀疑到完全说谎的情绪。

欧洲某心理与行为研究所曾经发表过一些关于嘴部动作与心理的研究报告，在报告中，他们列举了不同的嘴部动作所代表的情绪与心理活动。下面我们就来了解一下，看看人的嘴巴通常会出现哪些动作，而这些动作又代表了什么。

嘴巴抿成“一”字

嘴巴抿成“一”字是比较常见的动作，做出这个动作的人可能正在做某项重大决定或遇到了非常棘手的问题。那些喜欢频繁做出这一动作的人，其性格大多比较坚强，他们有战胜困难的信心和勇气，并且做事喜欢深思熟虑，因此获得成功的概率也比较大，还容易受到上司青睐，得到晋升的机会。

在与人沟通的时候，有些人喜欢用牙齿咬着嘴唇或者双唇紧闭，这表明他们正在聆听对方的话，同时在心中仔细揣摩话中的含意。这样的人一般都具有很强的分析能力，虽然不能在遇事时快速做出判断，但只要他做出决定，就会坚持到底。

嘴巴缩起

一个喜欢把嘴巴缩起的人，往往干活细致认真，是个好帮手，但这类人的疑心很重，因不相信下属而不适合做领导。另外，这类人还容易自闭。

嘴角上挑

平时喜欢嘴角上挑的人，一般都很机智，这类人性格比较外向，能言善辩，善于和陌生人主动打招呼，并进行亲切的交谈。嘴角上挑是一个标准的微笑表情，所以经常保持这个表情的人都会显得有亲和力，从而拥有不错的人际关系。

嘴角下拉

嘴角总是下拉的人，往往非常固执、刻板，不爱说话，并且很难被说服。如果在谈话中对方的嘴角下拉，则表示他正在忍受和坚持什么，很可能是别人的话不能让他满意，触动了他的神经。

嘴角微微向后

在交谈时，如果对方的嘴角微微向后，则表示对方在认真听我们讲话。这种人往往意志不够坚定，容易被别人的话左右。

嘴唇噘起

在社交场合，如果有人把嘴唇噘起，一般是在表达他的不满，又或是表示对某人或某事的防范。

咬嘴唇

在与他人交谈时，如果对方在咬嘴唇，那很可能是因为对方对你的话有所感悟，或是正在认真反省自己。这种人一般会给我们提一些中肯的意见，不妨考虑采纳。另外，如果一个人在说话的时候经常舔嘴唇，说明他正在压抑着因兴奋或紧张所造成的内心波动。

总之，如果我们能够做到对他人的嘴部动作多观察、多总结，那么就能够达到“你还没张嘴我就知道你心里想的是什么”的境界。

牙齿和下巴“说”的话

对很多人来说，牙齿和下巴似乎与心理学毫无关联，真的是这样吗？事实上，牙齿和下巴与人的心理密切相关，并在一定程度上反映了一个人的情绪。

学过生理学的人应该知道，心脏的神经末梢会一直延续到下巴的位置。心理学家发现，当一个人感到紧张甚至恐惧时，他的心脏活动就会被搅乱，从而导致血液流通受到影响无法到达末端，致使下巴和牙齿出现颤抖现象。

有句话叫“打碎牙齿也要往肚子里咽”，它其实说的就是一个人潜抑的防御机制。人们可以用牙齿撕咬食物或者在攻击时撕咬敌手，还有许多人会用牙齿表达自己的爱恨，比如一些女孩在生气或忌妒时，会去咬她们男朋友的手臂；美国拳王泰森盛况不再时，曾因恼羞成怒而咬伤对手霍利菲尔德的一只耳朵。

在远古时代，牙齿曾经很野蛮、很暴力，甚至至今都具有一种原始本能的特质。而今，我们开始习惯以“笑不露齿”“抿嘴一笑”等掩饰牙齿的动作，来提升个人的修养水平。一个不轻易露出牙齿的人，会给人一种坚毅稳重之感，让人更加信赖。

牙齿除了可以表达一个人的情绪之外，还可以反映出人的性格特点。有心理专家研究发现，一般牙齿比较大的人会显得知觉敏锐、善于思考、诚实热心，但不够细心；牙齿较小的人则具有较强的思维能力、辨识能力和忍耐力，并且温顺冷静；牙齿整齐的人做事从容沉稳，具有很强的责任心，敢于直面挑战；牙齿稀松的人开朗直爽，没有心机，容易在无意中泄露秘密；牙齿外凸的人快人快语，但有时会言过其实，且做事缺乏耐力；牙齿内倾的人有较强的策划能力，且做事有原则。

接下来，我们再来说下巴和心理的关系。下巴的动作虽然细微，但却能够清楚地表达情绪。一个人下巴的动作通常能够左右他人的印象，比如收起下巴时，表示他在隐忍；紧缩下巴时，表示驯服；突出下巴时，表示攻击；用下巴指人，表示骄横。

我们还可以从下巴中了解一个人的性格。比如，一个经常收缩下巴的人，多半胆小怕事，又或是因为他经常处于不安和担忧的状态中。这种人一般行事小心谨慎，只注重于眼前而缺乏长远的打算。

再比如，那些喜欢高昂着下巴的人，他们多半因为过于自信而心高气傲，从不认为自己会犯错，或者即便自己出现了差错，也会因为面子而强词夺理地为自己辩解。这种人往往具有很强的优越感，他们总是不愿意承认别人的成功，对别人的成绩和荣誉更是不屑一顾。而且，他们通常具有很强的自尊心，不容许别人对自己有任何不尊重。

此外，著名侦探及肢体语言学家乔·纳瓦罗还指出，除了下巴本身的动作以外，还有一些用手触及下巴的动作，也可以反映一个人的心理和情绪变化。例如，人在丧失自信，处于不安、孤独或尴尬的境地时，通常会用手触摸下巴，以安慰自己并掩饰内心的情绪波动。

如果我们把牙齿和下巴结合起来看就会发现，一个人的下牙床若是大而突出，那么这个人的下巴就会相对凹陷，我们把这种下巴称为“凹入型下巴”。这类人性格上会显得勇敢而执着，他们做事会经过深思熟虑，并能够很好地掌控自己的行动。

与之相反的就是“凸出型下巴”，当然，形象相反并不意味着性格相反，所以千万不要觉得“凸出型下巴”的人就怯懦。事实上，这类人心理比较敏感，遇事反应比较激烈。

你以后还敢随便吐舌头吗

人的舌头平时不会轻易出来示人，是个深藏不露的主儿。它整日生活在冷食热饮、酸甜苦辣中，可谓尝尽了人生五味。作为经常需要和嘴合作的器官，舌头绝对算得上是“隐士高手”了，像什么“口吐莲花”“祸从口出”“血口喷人”等，幕后指使者都是舌头，但背黑锅的通常却是嘴巴。

当然，虽然舌头自己不轻易露面，但我们只要多观察一下它的“邻居”，还是能发现一些蛛丝马迹。比如，在与他人打交道时，如果对方的舌头经常微微伸出来舔舔嘴唇，就说明这个人有表达的意愿，他可能正准备看准时机插话，从而引起周围人的注意。

再比如，一个人把自己的嘴闭得严严实实，但舌头不停地在嘴里舔牙齿，那可能是因为对方在压抑自己的愤怒，如果我们对此视而不见，很可能会被对方“咬”一口。

心理学家研究发现，舌头的动作有很多，仅人们吐舌头的动作所表达的含义就不少。比如，同性之间说话吐舌头是紧张、自嘲的表示，说明交流前的准备不够充分，担心自己说出的话是错误的；而异姓之间说话吐舌头，则含有挑逗的意味。现在，我们就来了解一下吐舌头的动作到底具有哪些含义。

解压

当人们承受很大的压力或者感到不自在、心理紧张时，通常会有口干舌燥之感，于是就会不自觉地用舌头舔嘴唇，以此来安慰自己，并试图让自己镇定下来。

然而，一个人如果想通过频繁舔嘴唇的方式来解压，却未必有效果，甚至反而会让自己感到更加紧张。所以，类似这样的安慰性动作还是尽量做少一些。

表示拒绝、抵触

当儿童被喂食了自己不喜欢的食物时，会本能地用舌头把食物推出来；小孩遇到不喜欢的人，会对他吐舌头做鬼脸。我们现在虽然已经“戒掉”了做鬼脸的习惯，但若是遇到令我们感到厌烦的人或事，也会不自觉地做出耸肩吐舌头或者仰头伸下巴的动作。所以，吐舌头具有拒绝、抵触的含义。

欣欣与两名同事聊天，其中一位同事总是在不停地吹嘘自己。一开始欣欣和另一位同事还会忍着性子附和几句，但对方却口若悬河，丝毫没有停止的意思。欣欣不好直接让对方闭嘴，忍不住就做了一个吐舌头的动作。另一位同事看到她的动作后露出一副了然的样子，并耸耸肩，表示自己也很厌烦。

代表尴尬、不好意思

在与他人交谈时，如果谈话内容前言不搭后语，或者双方的谈话不在一个“频道”上，有人就会习惯性地做出吐舌头的动作，表示“糗大了”“好尴尬”的意思。

“勾引”异性

嘴唇是人的敏感部位，而舌头则处于这个敏感部位的隐私处。所以，在异性面前吐舌头可以被看作一种自我暴露，表示亲切友好，愿意与对方交朋友，又或者是一种挑逗和性暗示。

吐舌头也具有向对方示弱的意思。给予弱者“同情”，是人类的本能。例如，很多女孩在异性面前吐舌头，会比较容易得到她们所期待的东西。

表示不满、厌恶

一个人对另一人表示不满或讥笑时，也可能会吐舌头。很多文学作品都会有这样的描述，如梁斌在《红旗谱》中这样写道：“……冯贵堂看人们三个一堆、两个一伙，吐舌头挤眼睛、评头品足地叽咕着，没等大雁她们掸干净身上的土，就说：‘忙到屋里歇着吧！’……”人在呕吐的时候会更加用力地把舌头伸出来，所以吐舌头不可避免地带有一些鄙视和厌恶的意思。

吐舌头所代表的含义很多，因而吐舌头运用得“不恰当”可能会给我们的生活带来一些消极影响。例如，在面试等比较正式的场合吐舌头，容易给人一种不庄重、幼稚的印象。同时，尽管有时候吐舌头会给人一种可爱的印象，但频繁地吐舌头却容易让他人产生视觉疲劳，进而使人觉得厌烦。

“红”并不只是脸部的一种色彩

人类是唯一会脸红的动物，而人之所以会脸红，是因为当人在紧张或激动时，会引起人体交感神经兴奋，使去甲肾上腺素等儿茶酚胺类物质分泌增加，从而导致心跳加快、毛细血管扩张。那么，人通常会在什么时候脸红呢？

尴尬时

英国东英吉利大学心理学教授雷·克罗泽在接受BBC采访时指出，尴尬时脸红是情商的一种表现。我们通过脸红告诉别人，我们认识到了自己做得不对，我们正为此付出代价，而此时看到我们脸红的人会了解我们在那一刻所经历的不快感受——脸红也许就是我们对所犯错误表示歉意的特殊语言。

一天中午，公司的人都到食堂吃饭了。市场部的小赵看见设计部的小玲竟然点了三块大排时，吃惊地说："天啊，小玲，你本来已经很胖了，怎么还吃这么多！"话刚出口小赵就后悔了，他几乎不敢相信自己刚刚说了些什么。人家点了多少大排和自己有什么关系呢？现在小玲很愤怒地盯着小赵，让他觉得心跳开始加快，甚至身子也有点发抖，脸颊也变得发烫起来。看到满脸通红的小赵，小玲突然扑哧一声笑了出来。

美国佐治亚州亚特兰大埃默里大学灵长类动物学家弗兰斯·德·瓦尔认为，脸红是培养信任感的一种方式。他说："如果与一个脸似石头般的同伴外出打猎，你永远不会告诉他自己想要什么。你会感到非常不舒服，心中无法确认是否应该信任他。"所以，当脸红与尴尬和困窘联系在一起时，那些从不脸红的人可能就会处于不利地位，因为人们很难信任一个从不因任何事情而感到羞愧的人。

说谎时

一个人在说谎时，心理压力会增大，会因为害怕事情败露而引起精神紧张，从而导致血液循环加快，脸变红。所以，如果一个人说了很多话后突然面红耳赤，那他说的话很可能都是谎言。这种时候，我们最好早点结束双方的交谈吧。

愤怒时

脸红还是一种愤怒或心理受到伤害的表现。NPA人格理论认为，人格构成中包含自恋、完美主义和侵略性三种因素，它们所占比例不同，就形成了各种不同的人格类型。其中，自恋其实就是对荣誉和同龄人认可的追求。如果一个人的这种愿望在公开场合受挫，比如经历了一件难堪的事，人的肾上腺素同样会激增，随后就会脸红。

很多人都会因为脸红而苦恼，觉得在社交生活中，这样的状态会有诸多不好的影响，其实这是可以克服的。

首先，我们要对脸红采取顺其自然的态度，允许它出现和存在，不要强制性地去抗拒、抑制或掩饰，这样就不会因为脸红而出现焦虑和苦恼。消除对脸红的紧张和担心，就可以打断由此造成的恶性循环。

其次，我们可以对自己进行自信心方面的训练。比如，许多自卑的人总是喜欢用自己的短处与别人的长处相比，现在不妨反过来，经常想想自己有哪些长处或优势，逐渐改变对自己的看法。而在改变看法的同时，我们最好将注意力转移到自己感兴趣、也最能体现自己才能的事情中去，这样一举成功后便会获得一份自信。如此一来，我们的自信心就会逐渐强化。

最后，每个人都不可能十全十美，所以对于自己的缺点、失败及别人的嘲笑等，我们都要以一颗平常心去对待。对于别人的评价和议论，自己心中要有一杆秤，做到“有则改之，无则加勉”。

WEI
BIAO QING
XIN LI XUE

第二章

听到的不一定是事实，不要轻信你的耳朵

常说“我……”“我们……”的人

生活中，口头禅就像黏在人嘴边的膏药一样，怎么甩都甩不掉。就像有些人经常会张口闭口说“我……”“我们……”，这些听起来不过是日常交流的常用语而已，没什么特别的。可事实上，这些脱口而出的口头禅带有浓厚的个性色彩，往往暴露出一个人心底的私密信息，反映出一个人的为人和价值观。

美国《生活科技》中的一篇报道说：“那些说话时经常使用‘我……’和‘我自己……’的人更容易产生抑郁的情绪，而那些爱说‘我们……’‘咱们……’‘大家……’的人则更快乐。”

德国卡塞尔大学的研究团队曾特意选取了数百名志愿者，让他们参与了一次长达90分钟的带有心理治疗性质的访谈，话题内容是与志愿者相关的人际关系、自我认知。在谈话过程中，他们进行了录音，并计算出第一人称单数和第一人称复数在谈话中出现的次数，最后又与志愿者的心理健康状况及快乐程度进行了对照。结果发现，使用第一人称单数“我”较多的人，更容易出现抑郁问题；而使用第一人称复数“我们”较多的人，则更容易与他人相处和谐，也更乐观。

研究者认为，在谈话中经常使用“我们”的人，会把自己放到社会关系中考虑问题，也就容易获得较好的社会支持；而使用“我”的人，则习惯在做事时把自己独立于社会之外，内心深处又渴望获得关注。

人们除了喜欢说“我们……”之外，还有很多其他的口头禅。例如美国前总统奥巴马，无论说什么都要先说“恕我直言”；肯尼迪的女儿在接受《纽约时报》的采访时，曾一连说了142个“你知道”……

各具特色的人说出的口头禅也五花八门。语言是人类的第二表情，而作为语言中提用率和重复率较高的口头禅，就是心灵的莫尔斯电码，它能够在一定程度上揭示出我们的内心世界。

那么，现在我们就来“破译”一下几种常见的口头禅吧。

“事情不是这样的”

喜欢说这句口头禅的人大多有主见、任性，但同时也很脆弱。他们是典型的“刀子嘴豆腐心”，只要给予他们必要的尊重，他们就会成为我们的忠实的伙伴。从心理学的角度讲，这句口头禅是为了特别提醒身边的人“下面我要讲自己的观点了”。这样的人无论是在隆重的场合，还是私下聊天中，都非常害怕自己被忽略。因此，他们总是希望通过否定别人来突出自己。

“我晕”

生活中“我晕”随处可“听”。喜欢说这句口头禅的人一般比较活泼、坦诚，不隐讳个人感情，但很容易意气用事。和这样的人相处，相对比较轻松。从心理学角度讲，这种人总是习惯于在潜意识里夸大事情，因此，只要事情不是预计和想象的那样，都会“晕”。

“好呀好呀”

无论别人说什么，都喜欢回答“好呀好呀”的人，大多性格爽朗、热情大方、内心善良。但在很多事情上，他们会显得缺乏主见和立场，给人一种“烂好人”之感，容易让那些爱占便宜的人有机可乘，从而给自己带来额外的负担和麻烦。

“先听我说”

生活中，总有些人喜欢在别人讨论得正起劲时来一句：“先听我说！”这样的人一般比较急躁，内心常有不平之感，为人自信且控制欲强。和这样的人相处，可以说是一场控制与反控制的博弈。

他们非常在意自己看法，而“先”字则表露出他们担心有人误解自己的心理。也就是说，这种人一方面希望自己的意见得到别人的重视和尊重，另一方面又担心别人对自己产生误解。

现实生活中的口头禅有很多，像什么“随便”“无所谓”“差不多吧”“没意思”……这里就不一一列举了。但无论如何，一个人的口头禅是长时间形成的习惯，并且极不容易掩饰和改变。因此，我们就可以从这些不经大脑的“语言”中，找到隐藏在人们内心深处的秘密。

向你询问第三方意见的人

有的时候，我们并不愿意直接向他人说出自己内心的真实想法，也许是害怕说错话，又或者是害怕说了之后给自己带来不好的后果。于是，为了得到自己想要的信息，就会采取一种高明的问法，如“请问他的邻居对他印象如何？”“请问他的同事怎样评价他？”“请问他的老板认为他是一个怎样的人？”等，以此来打消他人顾忌，使之产生一种“反正我说的是他邻居、同事、老板的看法，又不是我的，我也就不用为此负责任”的想法，然后将自己内心的想法和盘托出。

很多记者就非常擅长利用这种“第三方意见”来了解当事人自己心中的意见。尤其是在采访那些人命关天的重大案件时，如果他们问“你对死者印象如何”“你觉得死者最近有什么反常吗”，那么，很多人就会警觉起来，不愿吐露真意。所以，他们会换一种问法：“请问死者的邻居对他有什么看法？”如此一来，对方就会放下戒心，将自己的想法借邻居之名说出来。

我们要明白一点：那些向我们询问第三方意见的人，其实是想知道我们的意见，而那些用“谁谁说……”的人，一般说的都是自己的某种看法。

一年春节，小涵家来了一位常年不走动的亲戚。当妈妈把对方迎进家门的时候，小涵因为不知道怎么称呼对方，所以和妈妈打了声招呼后直接回房间上网去了。

妈妈有些不好意思地说：“大家都说这孩子性格比较内向，对不大认得的人都不敢打招呼。”亲戚忙说：“没事，挺乖巧的姑娘。”说完，他让身边的小男孩给小涵妈妈拜年。大概是生疏的缘故，小男孩怎么也不肯说话。

小涵妈妈见此，笑着说：“平时咱们不大走动，都疏远了，以后常来往就是了。要不，那些知道情况的人说咱们是因为离得远、不方便才不常来往，不知道的人还以为我性子不好，连个往来的亲戚都没有。”

小涵妈妈这最后的几句话，就是借第三方之口说出了自己的内心想法，其实并不是“知道的人”认为“咱们离得远”，也不是“不知道的人”认为她“性子不好”，而是她自己这么认为。

另外，一个人试图达到某种目的时，也常会用别人的口吻来表达自己的意见。

有两个学生因为一些小矛盾打了起来。事后，刘老师把两人带到办公室了解情况，并对他们进行教育。她说：“你说你们有什么事情不能好好说，非要动手！平时说你们还不听，嫌老师管得严，但你们看看自己做的事，一天到晚就知道让人操心。刚才人家隔壁班的老师还说：‘你们班的学生也太活泼了些，一天到晚都没个消停，你得好好管教管教，要不以后就无法无天了。’现在弄得我在办公室都不敢抬头……”

事实上，刘老师说的并不是“其他老师”的意见，而是她自己的。这种说法可以避免一些不必要的麻烦，给人一种是因为学生太调皮才发生这件事的感觉，并且可以让学生产生一种“老师因为我们而被嘲笑”的愧疚感，从而改掉不好的行为习惯。

同理，当我们想要了解一个人的真实看法和意见，而对方却因为某种原因不愿意暴露自己的内心时，我们就可以采用“第三方意见”这个技巧，让他讲一讲其他人对这件事会怎么看。由于对方陈述的是别人的意见，他也就不必担心自己需要承担什么责任，于是便可顺势轻松说出自己的感想。

也许有人会说：“说不定他说的就是别人的想法呢。”事实上，在绝大多数情况下，当我们问出“你觉得某某对这件事会怎么看”时，他所说的都是自己的真实想法。即便他说的是别人的想法，但因为每个人的想法不同，他也会自己先做出一定判断后，再选出一种他也认可的观点。

再加上，当一个人在陈述他人观点的时候，很少会照搬别人的说法，多半还要靠自己的描述，所以这个人所表述的观点，基本就是他本人的真实想法。

有趣的是，有些人为了证明自己说出的观点确实不是自己的，还会在最后说一句：“他们认为是这样，但我个人不是这样想的。”我们若继续询问：“那可不可以谈谈你的想法呢？”对方通常会笑而不答，因为他的想法在刚才已经说过了啊。

特意强调"偶然"的人

"哇，这么巧，你也在这里！"生活中，偶然的相遇总能给我们带来很多的惊喜，因为"偶然"不是刻意而为之，所以很容易瓦解我们的心理戒备。

然而，一切真的是偶然吗？对于那些凑巧发生的事情，我们如果能够放大视角，其实很快就会发现，这些"偶然"不过都是他人有意为之的。有意为之的"偶然"多少总会露出马脚，因而为了让这些"偶然"更加逼真，制造"偶然"的人就会特意强调"巧"。

婷婷是一名销售精英，前不久，她从公司辞职，准备先好好休息下，再决定下一步如何发展。此间，有很多猎头公司和企业都瞄上了她，甚至有一家公司为她开出了200多万的年薪，但她没有接受，毕竟她并不缺钱。

在一次朋友聚会上，婷婷碰到了某企业的陈老板，两个人聊得很投机，但陈老板并没有在聚会上邀请婷婷加入自己的公司。聚会结束后，陈老板再次邀请婷婷吃饭时才向她发出了邀请，可婷婷依然没有答应。陈老板没有强求，只是依旧和她保持着联系。

在两人的一次通话中，陈老板得知婷婷最近要去上海，就说："真是巧了，我正好也要去上海，我帮你订机票吧。"婷婷觉得这不过是对方想和自己套近乎而已，也未置可否。但令婷婷意外的是，陈老板与她在飞机上天南海北地聊，却并没有再提出让她上班的事。

之后，陈老板又“偶然”与她一起回来，同样没有提到让她上班的事。

几天后，陈老板邀请婷婷参观他刚刚开设的分公司，最后回到总公司后，他又带着婷婷走进一间办公室，里面布置得十分典雅，恰好是婷婷喜欢的风格。接下来，陈老板诚恳地说：“这是我们为你准备的办公室，不知还满意吗？”

不久之后，婷婷就成了陈老板的公司合伙人。业界人士大跌眼镜，大家都以为她的新东家怎么也得是业界数一数二的大公司，起码也得是舍得给她开出优厚待遇的公司，没想到她却选了一家业绩平平的公司。

婷婷在最后之所以会选择加盟陈老板的公司，很大一个原因是陈老板善于通过制造“偶然”来拉近彼此的距离，让她看到他的真诚及对她的重视程度。陈老板故意制造与婷婷搭同班飞机的巧合，虽然面上没什么表示，却让婷婷感觉心里暖暖的。

因此，在人际交往中，“偶然”可以让对方在较短的时间内接纳、认可我们。当然，这些有意为之的“偶然”都是善意的，在感动之余，我们要警惕那些心怀不轨之人制造的“偶然”。

比如，社会上的很多骗子都会以老人为对象，而他们接近老人的手段就是创造“偶然事件”。首先，他们会在公园、老年棋牌室、医院候诊室等老人聚集的地方徘徊，然后通过和老人聊天来逐渐掌握自己想要的信息。之后，他们就会和老人谈到一些所谓“我爸爸当初……”“我妈妈之前……”等让老人感到亲切的生活情形。

很多老人的生活本就孤独、寂寞，听到骗子提到的情景和关怀的言辞，必然会产生“这孩子比我家那个一年也不回来几次的臭小子可爱多了”的想法。在这种情况下，骗子再用早已准备好的“毒馅饼”诱使老人把自己的毕生积蓄拿出来，就变得易如反掌了。

除此之外，商店挂出“因房屋拆迁，所有商品一律八折”“因本店到期，所有衣服半价销售”“因五一节来临……”等，其实也都是在制造“偶然”，让我们产生一种“过了这村儿没这店儿”的错觉。事实上，如果没有拆迁、到期、五一，他们的东西说不定会更便宜呢！

“无事献殷勤，非奸即盗。”如果我们发现身边的某事“碰巧”出现在周围，而对方也一再强调此事是多么“偶然”时，我们就要提高警惕了，因为这个人无论是出于好意还是恶意，他的心里必定隐藏着什么秘密。

喜欢说“我是为你好”的人

生活中，总有些人喜欢给我们提建议，一旦遭到否决，他们就会苦口婆心地说：“我是为你好。”对于这样的行为，很多人都是抱着客观的态度来看的，他们觉得即使对方说的不对，也不应该反驳，至少不应该怨恨，因为对方的出发点是好的。

可是，真的是这样吗？其实拨开“我是为你好”的外衣，我们很容易就能够发现，这句很多人都喜欢说的话不过是一句谎言罢了。甚至有些父母也是用这句话来忽悠自己的孩子走上他们已经为其设定好的路的。他们之所以说出这句话，其实是为了增加自己日渐失去的安全感。

男友要求琪琪搬过来和他一起住，但要付一半房租，还说：“这样可以节省开销省出钱买房子；再说，一个女孩在外面租房多不安全。我是为你好！”

琪琪的工作是销售，平时免不了要跑跑客户，偶尔有时间也会和好友出去逛个街、吃个饭。可是她走到哪儿，男友的电话、微信就追到哪儿，他还要求琪琪发照片和视频来证明自己的行踪无误，美其名曰：“万一你发生意外怎么办？我是为你好！”

琪琪家境比较好，即便自己的工资不少，她的父母还是会给她贴补生活费，但这些钱都被自称“懂理财”的男友收罗了去。他从未有过什么收益，但总是说：“你太败家又花钱无数，我们得做长远打算，我是为你好！”

两年过去了，琪琪的男友换了好几个工作，收入却不见涨，但对已经升职涨薪的琪琪却要求更多了。好友对琪琪说：“他哪里是在为你好，明明都是在为了他自己好。”琪琪有些无奈，但还是觉得男友在其他方面对她挺好的。

再后来，琪琪与男朋友分手了，因为他拿着琪琪的钱给别的女孩买名牌包包，最后还说：“你那么优秀，应该会有更好的男人来爱你，但她却需要我多照顾一些。我们现在分开是为你好！”

“我是为你好”，似乎只要有了这句话，哪怕是再猥琐的行为都会变得“高大上”起来，而不用担心被人说是自私、无能、背叛、逃避……

之所以会这样，其实与我们所生活的环境有很大的关系。在社会上，如果有谁敢直接提出“我要求……”，那必定会遭到别人的非议；但当一个人以“我是为你好”来要求某人做某事时，却能够得到理解和支持，即便他真正的目的仍然是为了自己。为此，很多人就巧妙地利用这种心理，来达到自己的目的。

日本著名的棒球选手落合博满，曾两度拿到日本职业棒球协会的“三冠王”，简直可以和篮球界的“飞人”乔丹媲美了。在面临读卖巨人队的续约时，他曾表示职业球员的年薪太低，并且要求年薪1亿日元，还发表声明称：“我是为棒球界着想，才要成为第一个年薪1亿日元的球员。”

没错，落合确实有资格代表棒球界，但他要求的1亿年薪，到底是为了棒球界还是为了自己，相信所有人都清楚。

所谓的“我是为你好”，在更多时候不过是一种借口罢了。他们打着“为你好”的旗号，背后却是“为自己”。所以，当我们耳边再飘来“我是为你好”这样的话时，一定要保持冷静，切不可被所谓的“善意”蒙蔽。如果这些人对我们说着“我是为你好”，却对我们的工作、爱情、生活方式等方面指手画脚、横加指责，那最好让他们离我们远点儿。

“告诉你个秘密”所隐藏的秘密

“告诉你个秘密”是一句有魔力的话，它既可以勾起对方的兴趣，又可以让对方对自己产生好感。所以，这句话隐藏着很强大的心理效果。

比如，当我们身边的朋友、同事甚至是陌生人咬着耳朵对我们说“我告诉你一个秘密……”时，我们心里很可能会一阵激动，即便对方说的秘密与自己无关，也会觉得是得到了什么不容易得到的宝贝，从而欣喜无比。

其实只要冷静下来，我们就会发现，这些“欣喜”在很多时候是没有道理的，毕竟这些秘密并不一定是我们需要或想知道的。那为什么我们还会如此呢？这就需要了解这句话所产生的心理作用。

可以满足自己的虚荣心

人是自私并且喜欢互相攀比的动物。一件东西，如果我有而其他人没有，我的心里就会得到极大的满足。同样，一个秘密，如果我知道而别人不知道，那我就会具有一种莫名的优越感。

奢侈品推销员就特别了解人们的这种心理，这让他们能够更好、更方便地把那些价高于值的东西卖出去。

小颜走进了一家服装店，在看到一件很贵的大衣时，老板亲切地对小颜说："这件大衣的价格的确太贵了，但它的质量相当好。告诉你个秘密，我们店里只有三件存货，其中一件被某个公司的老板买去了，另一件也被一个阔太太订购了。现在只剩下这一件，我们特意为您留着……"

听到这番话，小颜明知道老板是在奉承自己，但心中仍然感到一阵喜悦。再加上前两件衣服的买主都是有头有脸的人，能够和他们相提并论，使小颜的虚荣心得到了极大的满足，于是她便爽快地付了款。

可是，当小颜给别人看这件衣服时，却没有得到任何人的称赞。穿了几天后，甚至连她自己也觉得买上当了。

由此可见，当一个人故作神秘地要告诉我们一个"秘密"，尤其是当对方想要突出我们是一个特定的对象时，我们就要小心了。一方面，这可能是对方在用"秘密"来麻痹我们；另一方面，他们可能是希望在满足我们的虚荣心之后，再从我们这里拿走些什么。

可以获得"平等交换"

不管谁听到有人对自己说"告诉你个秘密"，心中都会兴奋起来。这意味着对方要和自己分享一个秘密，所以心中便会产生强烈的好奇心。因此，仅凭这一句话，对方就可以让后面的话价值倍增。

其实，这句话中含有"你对我来说特别重要，所以才只告诉你""我信任你，所以才告诉你"等意味。很多人对"特别"没什么抵抗力，因此对于特别优待自己的人，也会产生好感。而为了双方"平等"，我们自己的"秘密"就很容易成为“交换物”。

事实上，经常以“告诉你个秘密”作为开场白的人，很有可能就是因为了解这句话的心理效果，所以才专门用它来抓住别人的心。他们说出“秘密”的潜台词很可能是：“我把重要的信息都告诉你了，接下来该轮到你了。”这也算是一种“抛砖引玉”的手段。

可以获得支持

当某个“秘密”一旦由对方转移给了我们，那在我们与对方之间，就形成了一种特殊的联系，进而很容易让我们对对方产生好感。很多人就是利用这种手段来获取支持、笼络人心的。

比如，公司里某个职员时常不服从上司的指令，于是上司就把他单独叫到办公室，和他谈论一些公司的“机密”，表示：“这个问题是高级干部会议中讨论的事项之一，现在还没有公布出去，我想听听你的意见。”在这种情况下，这个职员就会和上司逐渐产生一种亲近的心理，进而慢慢变得“温顺”。

因此，无论是上述哪一种情况发生，当有人神秘地对我们提起“秘密”时，我们都要提高警惕。最好的做法是不动声色地听他会说些什么，然后再看看这些“秘密”是否与我们有直接关系。如果没有，那对方在透露“秘密”的背后一定藏着其他什么猫儿腻。

问你“令尊还好吗”的人

日本有名的政治家田中义一在北海道进行考察时，一名当地知名人士来迎接他。当时，田中义一快步走上前去，紧紧地握住对方的手，并热情地说：“啊，您辛苦了，令尊还好吗？”对方瞬间感动得说不出话来。

事后，田中义一的助理问：“那人是谁？”田中义一的回答却出人意料：“我不知道，但谁都有父亲吧！”

在生活中，我们与他人从陌生到熟悉的交往过程，可以划分为开始、试探、强化、一体化、契约化五步。切入点的选择，是这五步能否顺利进行的重要因素。“令尊还好吗”就是人际交往的一种有效切入点，用这句话可以消除对方的警戒心。

在社交场合，人们为了形成一定的交谈氛围，一般都会从互致问候、互表尊敬等方面展开谈话。很多时候，为了缓冲心理上的紧张，拉近彼此间的距离，最有效的方法就是聊聊对方的亲友。

比如，在某个节目中，主持人轻声问一个有些坐立不安的老太太说：“婆婆，您的孙子几岁了？”被问到的老太太立刻笑逐颜开。在这里，主持人运用了与“令尊还好吗”相似的语言技巧。

再比如，如果你是一位新领导，想要尽快笼络下属，就可以随意地站在走廊上与下属聊聊天，并问一下：“尊夫人还好吗？你最近总在加班，她一定很辛苦吧。”说完再拍拍对方的肩膀，如此便可与对方打成一片。

为什么这类话会有如此神奇的作用呢？其实，这是因为我们每个人都有的一种心理：在谈到我们亲近的人时，心中的警戒就会减弱，并转化成一种亲切感。这就是所谓的“同胞意识”。

很多骗子也擅长用这一心理来行骗，当他们找到自己的目标并交谈一会儿后，心中就开始盘算着要提起对方的什么人最恰当，再通过提起的这个人来博取对方的信任。很多受害人就是因“他说他和我父亲是同学，所以我相信他”“她住在我女儿出生的地方，所以我相信她”等理由而被骗的。

一天，唐先生在路上与一个年轻人擦肩而过时被对方轻轻撞了一下。本来没什么事，但对方却硬要带他去检查，还说：“要是出了什么事情，您儿子该多担心啊！”

“你认识我儿子？”唐先生的确有一个儿子。

“是啊，我们是大学同学，他给我看过您的照片，您还和之前一样硬朗。我们上次见面的时候看他过得不错，他现在还在之前的公司上班吗？”

“哦，他现在……”就这样，两人越聊越投机，唐先生还专门把年轻人带到家里吃了顿饭。

几天后，年轻人急急忙忙地来找他，说：“小唐说他需要1万块钱，但我最近手头有点儿紧，没办法借给他。大叔您知道是什么事情吗？我刚才给他打电话打不通。”唐先生一听便急了，赶紧给儿子打电话，发现确实是关机。他又不知道儿子其他同事或公司的电话，慌得不知如何是好。

年轻人又说：“大叔您别着急，我先去凑点儿钱给他打过去，指不定他急用呢。”自己儿子的事，怎么能让人家去借钱呢，于是他就从家里拿了1万块钱让对方转给儿子。

到了晚上，儿子的电话终于打通了。唐先生一问才知道，儿子的手机因为“中毒”被迫关机了，他从没向任何人借过钱。

总之，那些强调和我们亲友关系很好的人，也许只是为了获得我们的信任，进而达到自己不可告人的目的。所以，当有人提到我们亲友的时候，一定要小心提防，并及时向亲友求证，避免上当受骗。

引述第三者赞词的人

一位著名的女交际家曾对赞扬和恭维提出过出色而有益的见解：背后赞扬别人的优点，比当面恭维更为有效。设想一下，如果有人告诉你，谁谁谁在背后说了许多关于你的好话，你能不高兴吗？

同样的赞美，如果是当面说给你听，也许会让你感到那极可能是应酬话、恭维话，很虚假，或者疑心对方是否出于真心。而如果是通过第三方来传达，效果便会截然不同。

比如，当一个公司高层领导夸奖员工时，如果他说：“听说你最近工作很努力，相信你将来一定会前途无量的。”那这个被夸赞的员工必定会高兴得手舞足蹈。但如果他说：“最近表现不错，以后要继续努力。”那这个员工可能就会担心“他今天八成要我做什么事情”或者“这是不是欲扬先抑，接着就要批评我了”。

就像法庭在审讯时，第三方的证词往往比本人的证词更加有效一样，赞美别人的时候，也是第三方的赞词更具效果。因此，一个真正懂得赞美别人的人，很少直接赞美对方，而是会借第三方的口吻来表达。

有位著名演员在未成名时曾做过一个心理测验，结果出来后，测试员说：“你的意志力比较差，是无法成为一名好演员的，还是趁早改行吧。”一时间，他万分沮丧。

他的一位朋友知道后，却对他说：“简直是胡说八道！我们常去的那家餐厅的老板告诉过我，新演员里就属你最有希望！”这位演员听后，马上恢复了自信。

所谓“餐厅老板告诉过我……”十有八九是这个人为了鼓励这位演员而捏造的，但不可否认，这句话比“我认为你一定会成为优秀的演员”要有效得多。

像这种借第三方之口的赞美方式与背后赞美有点类似，很容易让人觉得这是对方发自内心、不带任何动机的话。如果对方是善意的，结果自然令人欢喜，但我们也不要因此掉以轻心，否则即便这种赞美并非恶意，但也同样表示对方有所企图。

刘先生想做点儿小生意，但手头资金不足，于是准备跟朋友张先生借点儿钱。刘先生去找张先生的时候，先是东拉西扯地聊了一会儿，然后说起之前和谁谁谁出去吃饭，人家就对他说“小张是个很不错的人，非常够哥们儿”。

这话一出，张先生心里感到一阵欣慰和感动，并且说这话的刘先生在他心中的形象也大为提升。最后提到借钱的事，张先生大手一挥答应下来，还表示不够再开口，他定会帮忙。

在张先生看来，有朋友在刘先生面前赞美自己，定是出于真心，而刘先生把这话转述过来，心里也必然是这么认为的，是发自内心的真言。但对于处世圆滑的刘先生来说，这正是获得张先生信任的最有效方法。当然，我们并不能说刘先生对张先生怀有什么恶意，但这般处心积虑的“赞美”，却也不如我们想象的那么真诚了。

嘴上说“欢迎提意见”的人

没有人喜欢被否定，但生活中总有一些人会表现出很大度的样子说：“欢迎大家提意见。”千万不要以为这样的人与众不同，喜欢听反对的意见。事实上，有心理学家表示，越是表现出对别人的否定不在意的人，心里其实越是在意，他们根本不希望听到批评意见。

大学毕业之后，晓峰进入一家民营公司工作。老板非常看重重点大学毕业的晓峰，第一年就让他做了销售主管，之后又因他业绩突出将他提拔为总经理助理。渐渐地，老板的倚重让晓峰觉得自己和老板在公司的地位已经不分上下了。

有一次，公司召开会议，专门商讨和国外一家大公司合作的方案。老板在会议上拿出自己准备好的计划和合作意向书，并和参加会议的人说：“大家看看，有什么意见，尽管提。”几名主管看过之后都没说什么，只有晓峰跟老板说，这个合作方案有问题，还表示如果按照这个合作方案进行，那么公司得到的利润会非常小。

当时老板的脸色不太自然，但还是客气地问他哪里有问题。于是，晓峰就从头到尾把这个方案批了一通。听了他的话，老板很不高兴，淡淡地说：“会议结束，这个问题咱们以后再谈。”晓峰却大声反驳说：“这个问题怎么能拖呢？要是按照这个方案……”

他的话还没有说完，老板就大声呵斥道：“我说了以后再说，我是老板，还是你是老板啊！”一句话让晓峰当场愣住了。

很多人说“欢迎大家提意见”不过应付场面，尤其是地位较高的人，他们一方面想要表现自己的大度，另一方面内心的自尊比常人更强。所以，他们嘴上说请大家多多指教，其实是想听到更多的鼓励和赞扬，而不是批评和反驳。

所以，在老板召开的会议上，如果他说“大家都别藏着，有什么意见尽管提”，你可千万别傻乎乎地道出一堆意见，尤其是当着大家的面，那会严重伤害老板的自尊，以后不给你穿小鞋才怪。

就算对方足够理智，当面笑着说“哦，非常感谢你的意见”，也只是碍于面子，心里也许早已火冒三丈。毕竟领导就是领导，哪怕他本身有错误，也不需要你来提醒他。所以，聪明人会知道哪些话该说，哪些话不该说。那么，我们该如何去应对这种局面呢？

多用建议的语气

给别人提意见，尤其是在给领导提意见时，一定要注意方式。毕竟，没有人会愿意在大庭广众之下，暴露自己的缺点和错误。所以，我们在提意见的时候，不妨多用建议的语气。比如：“我觉得这样做也许能更好一点，你觉得呢？”这样的语气会让对方感到被尊重，也更容易让对方接受我们的意见。

欲抑先扬，保全脸面

“欲抑先扬”的要旨，就在于当我们想给对方提意见时，不直接指明对方的错误，而是先肯定对方的做法，并按照对方的逻辑进行推理，直到让对方自己发现错误并主动改正过来。

我们也可以找周围没人的时候，单独和对方交流。“私下说叫补台，当众说叫拆台”，有什么意见私下里说，比当众说出来要好很多。那些在大庭广众之下对领导进行批评，并试图让领导承认自己错误的人，要先做好卷铺盖走人的准备。

分清形势后再提意见

古语云：“无信而谏，以为有私；位高而谏，以为谤己。”这句话说的是，如果别人对我们不信任，那么当我们提出意见时，人家就会觉得我们有私心，想抢位子。比如，作为副职的我们向正职的领导提出什么意见，很可能就会让对方觉得我们别有用心。

其实，我们给对方提意见的目的，无非是想让对方接受。既然想要提高意见被采纳的效率，我们就更应该注意提意见的方式和方法。

总在说“这不是钱的问题”的人

当今社会是一个物欲横流的社会，金钱更是一个实实在在的话题。因此，围绕金钱会出现很多带有言外之意的谎言，而我们能否听出其中的含意，则关系到我们能否正确识别他人的本质和意图。有趣的是，在现实生活中，一旦有什么事情涉及利益和金钱，我们往往会听到有人说：“这不是钱问题，而是……”

比如，我们从朋友那里借了钱，并且很长时间都没有还，对方可能就会说：“你这个人也真是的，借了钱也不及时还，如果你真的没钱也应该跟我说一声啊，这根本不是钱的问题啊！”难道真的不是钱的问题吗？若真的不是钱的问题，那这些话就根本没有必要说出来。

要知道，对方说出这些话的真实目的，无非就是在催我们赶快还钱。只不过他顾忌双方的面子，不好意思直说而已。如果我们真的认为这不是钱的问题，继续拖着不还钱，那这个朋友也就算得罪了。再说，“有借有还，再借不难”，如果我们没有听出对方的言外之意，那么我们今后也甭想从对方那里得到任何帮助了。

朋友间如此，兄弟姐妹之间为了金钱闹纠纷，也是常有的事，但兄弟姐妹们也同样会不停地强调：“这不是钱的问题！”例如，兄弟之间为了分割财产而闹起了矛盾，但顾及两人的关系，又不好撕破脸面，于是哥哥就对弟弟说：“真没想到你是这样的人，今天我总算看透你了！这不是钱的问题，而是一个人的良心问题。”

哥哥的这番话表面上不是为了钱，但实际上就是为了金钱和财产。他找出这般冠冕堂皇的理由，不仅伤害到了弟弟尊严，还试图掩饰自己的真实想法。

其实，每个人都有虚伪的一面，不管为了什么，都有可能说出言不由衷的话，在金钱面前更是如此。没有人希望别人把自己看成是一个迷恋金钱的人，所以为了维护自己的形象，就会用“这不是钱的问题”来掩饰自己的真实想法。

所以说，所谓“不是钱的问题”，恰恰在多数时候就是钱的问题。试想，假如我们被黑心商贩骗了钱财，我们非常恼怒地把自己的经历讲给朋友听，并大发牢骚，表示对商贩的不满：“这不是钱的问题，关键就是那个商贩没有商业道德、没良心，让我最受不了。”难道这真的不是钱的问题吗？假如对方把钱归还给我们，我们还会对商贩抱怨，表示自己的不满吗？

一个聪明的倾听者，不能仅仅满足于表层的理解，还要从说话者的言语中听出对方的言外之意，并从对方的表情语势、肢体动作中听出隐含的信息，把握说话者的真实意图。只有这样，才能做到更有效的交流和沟通。

爱说大话背后隐藏的心理动机

生活中有一种人喜欢说大话，喜欢任意拔高事实。究竟说大话背后隐藏着怎样的心理动机呢?

吹牛的两种常见心理是补偿自我的需要和降低焦虑的需要。有些人喜欢夸大自己的能力、抬高自己的身份。例如，一位证券公司的职员一开口就说自己手上有多少大客户或是领导如何器重他，这就是心理补偿的需要。这时吹牛是为了弥补落差，在心理上塑造理想的自我，也是为了显示自我、获得别人的关注。

吹牛也是为了提高自信、降低内心的恐惧和焦虑。“二战”期间美国的麦克阿瑟将军就是一个这方面的例子。有一次，德国空军在他附近投下了一颗炸弹，警卫问他为何不迅速躲开，他说：“希特勒永远炸不到麦克阿瑟。”这种大话能让人获得竞争的心理优势，在刻意蔑视对手的同时解除焦虑情绪。

一般来说，说大话的人都是死要面子的人，他们想通过吹牛挣到面子。但是事实上，很多时候吹牛并不能给他挣到面子，反而会使他丢尽面子。

小说《二十年目睹之怪现状》里，就描述了一个穷困潦倒的人，虽然穷得揭不开锅，但还要装出阔绰的样子，结果在众人面前丑态百出。

有一天，高升来到茶馆里，看见一个旗人进来泡茶，用的却是自带的茶叶。那人打开纸包，把茶叶放在碗里时，那堂上的人说：“茶叶太少了啊？”

旗人不屑地说：“你根本不懂，我这个是从南美弄来的上好龙井茶，只要这么三四片就足够了，如果多泡了几片，味道则会太浓。”

堂上的人听旗人这么一说，就给他泡上了。

一旁的高升听了，觉得奇怪，走过去看了看，那旗人茶碗中间，飘着三四片茶叶，只是很普通的香片茶。整碗茶水，没有一点茶色，简直是一碗白开水。高升暗中觉得好笑。

后来高升又看见旗人从腰里掏出两个钱，买了一个烧饼在那里撕着吃，细细咀嚼，看起来很富有的样子，吃了一个多时辰才吃完。接着又伸出一个指头，蘸些唾沫，在桌上写字，蘸一口，写一笔，高升觉得非常奇怪，心想这个人难道如此用功，喝茶也不忘练字？

于是高升走近一看，才发现那人根本不是写字，而是用指头把掉在桌子上的芝麻粘起来，然后送到嘴里吃掉。为了怕别人笑话，有失面子，所以才假装写字来蘸着吃。吃完了掉在桌上的芝麻，旗人仍然在那里出神，忽然又像醒悟了一样，把桌子狠狠地一拍，又蘸了唾沫去写字。原来他吃烧饼的时候，有两颗芝麻掉在桌子缝里，任凭他怎样蘸唾沫写字，也吃不到那芝麻。

忽然一个小孩子跑了过来，对旗人说：“爸爸快回去吧，妈妈要起床了。”

旗人说：“你妈起床要我回去干什么？”那孩子说：“你穿了妈妈的裤子出来，妈在那里急着没有裤子穿呢！”

旗人喝道：“胡说！你妈的裤子，明明在皮箱里！”说着，丢了一个眼神，让那孩子赶快走开。

孩子没有领会，还在那里说："爸爸是不是忘了，皮箱早就卖了，那条裤子，是前天当了买来的。妈还跟我说，家里只剩一把米了，喂鸡儿也喂不饱了，叫爸爸快去买半升米来，才能做午饭呢。"

旗人大喝一声道："滚开！谁叫你来我面前装穷啊？"

那孩子吓得赶忙跑开了，旗人起身准备离去的时候，堂上的人向他要钱。他笑道："我被孩子气糊涂了，开水钱也忘了给。"说着，伸手在腰里乱掏，掏了半天，也掏不出半个铜板。旗人只好说："欠着你的，明日还你吧。"

那个堂上不肯，说："我只要你一文开水钱，你还我一文钱，就是好汉，还不出一文钱，你就要留个东西来做抵押。"

……

这个旗人这样做，为的就是面子，但结果却大丢面子。其实偶尔吹牛一两次没什么，毕竟大话谁都可能说几句，但若不顾自己的现状，一味打肿脸充胖子，就会显得可笑甚至可悲了。因为大话它毕竟是空的，过不了多长时间，总会像孩子吹出的肥皂泡一样纷纷破碎，化为乌有，对自己毫无益处。

所以，无论出于何种原因说大话，大多都会影响心理健康及人际关系。一方面，习惯说大话让真实的自我越来越小，虚假的自我越来越大，从而忽视解决现实问题，也就很难获得成功；另一方面，说大话或许可以获得他人暂时的尊重，但一旦大话被戳穿，别人就认为你在无中生有，在愚弄他们，从而失信于人。

WEI
BIAO QING
XIN LI XUE

第三章

习惯性动作出卖
人心，不经意之处露出马脚

不经意的撇嘴动作暴露你的内心

当人们不开心时，经常会做出下唇前伸、嘴角下垂的动作，也就是我们常说的撇嘴。与嘴角上扬表示喜悦相反，撇嘴主要是在表达一种负面的情绪。每当人们感到悲伤、绝望、愤怒或者不屑、鄙夷的时候，他们脸上就会浮现出这样的表情。

表示不屑

某大学曾做过一个关于“你是否能接受自己的男友（或女友）是胖子”的调查，其中，有人直言不能接受，有人则礼貌性地表示可以考虑。有个男生很典型，当调查者问他这个问题时，他微微撇嘴，说不介意，并露出微笑的表情。

很多人都被他脸上的笑容骗了，觉得这是个有内涵的男生，而不是“外貌协会”成员。事实上，他撇嘴的动作是一种否定的动作，代表他并不喜欢胖子，又怎么可能找一个胖姑娘当女朋友呢？

此外，当一个人表现出“不屑一顾”的表情时，除了撇嘴，还会用斜视的目光看人，有时还会带有皱鼻子等动作。所以，我们如果想知道一个人撇嘴的真正含义，还要注意对方的鼻子和眼神。

表示说谎

心理学家研究发现，一个人在说谎的时候，除了会做出撇嘴的动作之外，眼睛还会不自觉地向上看，或者是专注地盯着对方的眼睛看，从而导致眼睛干燥，不停地眨眼。另外，说谎者会因为紧张而使自身血液循环加快，从而导致脸变红、鼻子变大。

某公司财务部的小睿是名校毕业的高才生，虽然看着年轻，做账却是一把好手。一天，他拿着一叠厚厚的文件去向老板汇报上个月的工作。当时老板正在忙，就让他先坐。

老板翻了翻文件，看着他问："上个月进账多少？"

小睿撇了下嘴角，坐直身体说："130万。"

老板又接着问："那上个月支出多少？"

小睿看着老板的眼睛，大声说："116万。"

听到小睿的回答，老板平静地说："嗯，不错，继续努力。"

于是，小睿便喜滋滋地回到了自己的办公室。

谁知，第二天上班时，小睿却接到了人力资源部的辞退通知。他准备和老板讨个说法，却被老板的助理拦了下来。助理告诉他："你真是不知趣，老板早就怀疑你的账目有问题，一直在暗中调查你，现在调查结果已经出来了。"小睿一听，顿时无语。

当我们发现有人的撇嘴时，一定要注意一下他还有没有其他可疑的小动作。如果有，就很可能证明他在说谎。

意外情况

并不是所有的撇嘴动作都代表"不屑一顾"或"谎言"，也有可能是意外。

在莫斯科当地著名的古姆百货商场里有一个专营外贸服装的柜台，因为平时生意非常火，所以老板决定招聘一名临时促销员来分担销售任务。

经过面试和考核后，老板让一名年轻的女孩到柜台上班。女孩不仅长相甜美，还能说会道，第一天上班就做出了不错的业绩。

但到了第二天，女孩却意外地只卖出了一件小夹克。老板觉得奇怪，就开始留意女孩的表现。他发现，女孩总是在不停地撇嘴，而每当她撇嘴的动作被顾客看到后，顾客就会在店里随意看一圈，然后空着两手离去。

老板就问这个女孩："为什么要做出一副对客人不屑一顾的表情？"女孩开始很纳闷，但经过老板的进一步询问，她才恍然大悟，并向老板解释撇嘴的原因。原来她之前在吃饭时不小心烫到了嘴，嘴里都烫起泡了。她为了减轻疼痛才会不停地撇嘴，并没有对顾客不敬的意思。

由此可见，并不是所有的撇嘴动作都代表了一个人的情绪，也有可能只是一种生理需要罢了。但这也告诉我们，在人际交往中，一定要注意消除不良习惯，避免造成误解。如果是因为身体原因而不得不有一些不礼貌的举动，也最好直接告诉对方是为什么。

点头就是"YES"，摇头就是"NO"吗

一般来说，点头代表"是"，摇头代表"否"。不过，具体到不同的地方和场合，这两个动作所代表的意义也不一定就如此。

比如说，当我们与他人交流时，一般对方点一下头表示肯定，但如果太过频繁地点头，可能就意味着对方不赞同我们的观点。又比如，一个人摇头表示

拒绝，但也可能意味着对方在暗示我们继续说下去。因此，对于点头和摇头的动作，我们不能以偏概全。

下面，我们就来简单介绍几种点头与摇头所表达的不同意思。

点头动作与说话内容不相符，表示对方没有认真听我们说话

比如，在与他人交流时，对方的眼睛却看着电脑或其他东西，等我们说话后，对方没有任何回应，然后过了一会儿，对方才慌忙点头，并说“好”，这就意味着对方并没有认真听我们说话。

在社交场合，如果一方在说话，另一方虽然时不时地点一两下头，但点头的动作与谈话的节奏不合拍，或者话音都落下很长时间了，对方才敷衍地点一下头，就证明对方并没有专心在听。

频繁地点头，表示对方不耐烦

在两个人谈话时，如果其中一方在对方说一句话或阐述一个观点时，频繁地点头（超过三次），那很可能就意味着他不同意或赞成对方的观点。但因为不好直接拒绝，他只能用不断点头的动作来表达自己的不耐烦。

快下班的时候，人事部的杨先生拿着一叠文件走进了老板的办公室，直言不讳地说：“老板，您现在有时间吗？这是我刚整理完的报表，现在想向您汇报一下这个月公司的情况。”

老板原本正准备离开，现在却不好说“不”，就接过杨先生手上的报表点点头说：“好，你说说吧。”

“本月公司情况不太好，绩效比上个月少了将近一半。还有公司的打卡机也不太好用，我建议换一个指纹识别的……”

老板眼睛看着报表，并频繁地点头。杨先生看老板点头，心里更加高兴，喋喋不休地继续说：“行政文员又辞职了，结果导致还有一部分报表没完成。所以，最好再招一个文员。”

这时，老板却将报表递回来，并略带气愤地说：“报表整理完后再给我看，其他的事下个月再说。”说完他就走了。杨先生有些摸不着头脑，不明白为什么一直在点头的老板忽然生气了。

由此可见，点头并不意味着赞同，尤其是频繁地点头，更可能是对方在表达自己的不耐烦。所以，我们要明白这一点，以免误解别人的动作。

口头上称赞却时不时摇头，表明对方并不看好我们

当一个人口头上大力称赞我们，说着“你的想法非常好”“我一定会考虑你”“我们会合作得很愉快”这样的话，却时不时摇头时，那么无论对方态度多么诚恳，都可能意味着对方的心里并不看好我们，他们摇头的动作就是真实态度的表露。

摇头晃脑，表示得意

有些人在得意时会下意识地摇头晃脑，比如当品尝到美味的食物时，心里很开心，就会一边吃一边不断地摇头晃脑说：“嗯，真不错，真是美味！”

幅度小、频率低地摇头，暗示继续往下说

当一个人听我们说话时，做了摇头的动作，但晃动的幅度非常小、频率非常低时，千万不要觉得对方是在表达否定的态度。相反，这是对方在暗示我们继续说下去，而他并没有插话的打算。

人们在说话时，所伴随的头部动作是最多的，尤其是点头和摇头这两个动作。因为不管是什么人、在什么场合、自我克制能力如何，总会有意无意地做出点头或摇头的小动作。

有时候，我们为了表明自己的心迹，会很明确地点头或摇头，但在更多时候，这些举动却是言谈之中不自觉的附属行为。不管动作的主人是有意也好、无意也罢，他们的动作都会被旁观者看得一清二楚。我们完全可以通过他们点头和摇头的动作去解读他们内心的真实想法。

用食指和中指指尖夹烟的人踏实

心理学家认为，吸烟是一个人内心矛盾、思想冲突的一种外在表现，而观察一个人吸烟的方式，可以看出他的内心和性格特点。尤其是在气氛压抑的谈判桌上，不同的人有不同的吸烟姿势，而不同的吸烟姿势又反映出一个人不同的心理。

心理学家研究发现，吸烟是一个人处理各种生活压力、表达喜怒哀乐以及其他各种情感的重要方式。很多男士会通过吸烟来缓解紧张、调节情绪。下面我们一起来看看不同吸烟方式背后隐藏的心理特征。

夹烟的方式

把烟夹在食指和中指指尖上，是我们最常见的持烟方法。这类人性情比较平静、踏实，善于表达自己，亲切自然，但为人消极，并有点儿“洁癖”和女人气，对小事很操心。一般这种人的决断力不强，即便有很好的想法，也缺乏实践的积极性。

把烟夹在食指和中指的指缝里的人，通常是行动主义者，具有很强的自我意识，但因为不太善于协调人际关系，所以很容易引起他人的误解和反感。而且，只要遭到一次失败，他们就会失去自信，自暴自弃。

把烟夹在拇指与食指中间的人（手心向外），不善于隐藏，喜欢有什么说什么，所以与什么人都能谈得来，但做起事情来却缺少积极性，常常半途而废。他们心肠很软，极富同情心，但嘴不严。

把烟夹在拇指与食指中间的人（手心向里），有很高的警觉性，因此在他人面前很少说真心话。不过，他们一旦下决心做一件事，就会义无反顾，而且态度十分谨慎，一般从计划到实行要花很长时间。

用拇指、食指和中指拿着烟的人，一般性情较为冷淡，但头脑聪明，做事干练。这样的人很骄傲，有时会因此而引起人们的不快。

吸烟的方式

把烟叼在嘴角右端的人思维敏捷，能够迅速下决断，并且行动很大胆，常常出其不意；叼在嘴角左端的人则会表现出计划性强、有城府的特点。

略仰起头以嘴角吸烟的人对自己的工作能力很自信，可能是某方面的专家，但他们为人处事过于勉强又自视甚高，常常会显得与同事格格不入，并且在发生纠纷或失败的时候很难突破难关。

把烟叼在嘴唇中间向上衔着的人，比较爱慕虚荣，即使他有着踏实的外表，也难免会去做一些超出自己能力范围的事情，并容易自食苦果；而把烟叼在嘴唇中间并向下衔着的人，则理性大于感性，做事很踏实，并且喜欢按自己的节奏去推进事情。

嘴上叼着烟，手的动作不停的人，有很强的自信心，而且业绩的确很突出。他们对自己的生活现状和工作比较满意，并且充满了希望。但如果这个人的能力没有得到旁人的认可，就会进行强烈的反抗或表现得意志消沉。

吸烟时伸直拇指顶住下巴的人，具有强烈的阳刚气和不服输的性格。他们对工作中的竞争充满热情，并且有很强的挑战欲。

抿着下唇吸烟的人，往往能按部就班地努力前进并且获得成功，但这种人通常缺少工作的主动性。

喜欢咬烟头、用唾液湿润烟卷的人，大多见于男性，表明其性格中依然残留着不成熟的因素。

喷烟的方式

把烟往下吹，并努力不想把烟弄到他人身上的人，比较在意人际关系。这种人一般属于温厚型性格，待人比较温和。而那种喜欢把烟喷向自己面前的人，则会表现出乐于挑战的性格。一般在对对方有攻击心理的时候，他们就会做出这种动作。

抖灰的方式

喜欢把烟灰频繁地抖到烟缸里的人，具有做事认真的特点，但这样的人还可能有一点神经质，他们的精神压力大多来源于过度紧张地对待事情。而像那种等烟灰积多了才抖落的人，比较缺乏精力，性格上也比较小心翼翼。

不同的吸烟动作背后是不同的心理特点，看清这些，我们就能知道对方的内心想法，从而更好地与对方交流，赢得对方的尊重。

习惯把手插在兜里的人

在心理学家眼里，人的心理状态不论如何掩盖和伪装，都会通过一言一行清楚地表现出来。所以，对心理学家来说，即便是第一次见面，他们也可以通过观察对方双手的动作，对其性格特征、心理活动等做出大概的判断。

在日常的生活中经常能够看到将手插入口袋的人，在他们这种下意识的动作中，一般都隐含着情绪和心理的波动。心理学家就此分析了这个姿势的背后所包含的心理信息。

为了引人注意

在众多拿破仑的画像中，很多人应该都会对1812年法国画家雅克·大卫创作的一幅印象深刻。画中，拿破仑站在椅子旁，摆出了他那举世闻名的标志性姿势——将手插在衣服里。

对于拿破仑的这一姿势，人们有过不同的猜测，如“当时他的胃部疼痛严重”“他在给手表上发条”“嫌画手麻烦，所以干脆将它放进衣服里”……

心理学家认为，将手插入衣服或口袋是一个非常引人注意的姿势。法国人弗朗索瓦·尼维隆在一本名为《上流社会行为指南》的书中表示：将手插入衣服或口袋的姿势是受过良好教育的绅士所采用的姿势。所以，这一动作对于出身城市市民家庭的拿破仑来说，其实还带有向贵族身份靠拢的心理。

为了隐藏愤怒

有科学家调查发现，人类双手与大脑之间的神经关联远远多于人体的其他部位，所以，一个人双手的动作或手势，往往能够更加准确细致地反映出我们内心的情绪状况。

比如，我们看到那些强颜欢笑的人，即便他们的脸上带着笑容，但双手却紧紧地攥成拳头，这就暴露了他们内心的愤怒情绪。一般在这种时候，如果他们的衣服上有口袋，那他们肯定会毫不犹豫地把手放进去。

拒绝交流

在人与人相互的交流中，手势是作为一种语言的补充形式而存在的，可起到加强语言的作用。因此，一般情况下我们见到的情景都是他人边说边比画，而只有当一个人开始陷入沉思、烦躁时，才会将自己的手放进口袋里。

心理学家由此判断，将手放入口袋，实际上是想表达一种逃避的情绪。当一个人摆出这个姿势的时候，其实是在告诉我们，他想暂时结束这个话题。当然，也有可能表示对方在隐藏什么，比如一些犯错的人在受到询问时，往往拒绝回答任何问题，还会将脸扭向一旁，并将手插入口袋，以此来掩饰自己内心的变化。

表示戒备

将能够发出各种信号的手隐藏起来，是一种不让对方看破自己内心的警戒心理的表现，也是不信任对方的表现。有些人在与他人交流时，会一边面露微笑地倾听，一边却将插入口袋的手握紧。当然，这个动作也可以被当作企图扩大势力范围的职业性姿态。

此外，与他人谈话的时候，如果对方感到不耐烦，他一般就会把手插在口袋里站立，甚至还会伴随着踱来踱去的行为。

性格保守内向

习惯在自然站立状态下双手插兜的人，在做事的时候喜欢三思而后行。这样的人一般性格偏向于保守和内向，凡事步步为营，警觉性极高，不肯轻信别人。不过，他们在工作中非常缺乏灵活性，往往喜欢用比较呆板的办法去解决问题，并且对突如其来的失败或打击的心理承受能力差。

喜欢挑战

那些喜欢将双手只插于口袋一半的人富有激情，做任何事都带着一股拼劲儿。这类人一般不会满足于死板教条的工作，他们喜欢突破和挑战。越是有难度、有挑战性的工作，越能激发他们的热情与干劲儿。

这类人性格当中的积极因素远远多于消极因素，可以在逆境中振作精神，因此他们承受打击的能力较强。正因为如此，他们消化失败的时间非常短，一般失败没多久就又开始新的尝试了。这种人的缺点也很明显，他们喜欢迎接挑战却又总是做不好准备，喜欢尝试却又容易浅尝辄止，而且有时会表现得过于执拗。

双手叉腰是捍卫领地的“内心独白”

在日常生活中，双手叉腰的动作十分常见。它在不同的环境中代表的意义也不同，有时候它是一种捍卫自己领地的表现，意思是说“离我远点儿”或“别跟我待在一起”；有时候它是一种“拒绝拥抱的姿势”。另外，它也是一种非常自信、自立的表现。

下面我们就来具体分析一下：

捍卫领地的表现

心理学家认为，通常把手叉在腰上是一种准备就绪的强势动作。比如篮球队员在期待下一回合开赛时，短跑运动员在等待比赛开始时，他们就会做出双手叉腰的动作，这是一种强有力的“领地宣言”。

尤其是当一个男人的领地被另一个男人闯入时，为了向对方发起声明和挑战，他就会把双手叉在腰上，让自己更具有威慑他人的气势，意在告诉对方：“不要侵犯我的领地！”

这一动作能让实施者充满着微妙的攻击性气息，因此它也被称为“成功者的姿势”。一般情况下，男性会通过这个动作向女性表现他的威严、自信和雄心勃勃。

当然，当我们看到有男人做出这个动作时，也需要通过实际情况来判断对方所表达的意思。比如，对方如果是在紧扣衣服的情况下做出这个动作，那可能就表示他当时比较沮丧；如果对方是在衣服敞开的情况下做出这个动作，那多半代表他有挑衅的意思；如果对方在双手叉腰的同时还紧握着双拳，那就表示对方攻击性极强。

强势的表现

自然界中，小鸟为了让自己的躯干显得更加强壮，会时不时抖动自己的羽毛；小猫小狗等动物也会为了显示自己的强大而把身上的毛竖起来。人类虽然没有动物那般丰富的体毛，却同样有让自己的身体显得更加强壮的姿势，如双手叉腰。

拒绝对方的表现

在社交场合，如果一个人想把他人排斥在自己的圈子之外，他很可能就会做出双手叉腰的动作。对此，人类学家戴思蒙德·毛里斯认为，双手叉腰的动作通常代表拒绝。

自信、自立的表现

其实在生活中，很多人都会不自觉地双手叉腰，比如在与人交谈时，有些人会习惯性地把自己的双手叉在腰间；有的人甚至在走路的时候，也会不由自主地双手叉腰。对于这样的人来说，这是一种非常自信和自立的表现。尤其是那种走路也习惯双手叉腰的人，一般都会比较自信、果敢。

对他们来说，这种下意识地叉腰动作往往是一种代表胜利的姿势。他们工作效率较高，但因为他们性格比较急躁，所以在处理问题时常常会忽略细节，导致最后无法达到精益求精的效果。

能够驾驭一切的表现

通常情况下，女性双手叉腰的情况比男性少，而且她们双手叉腰的动作也与男性不同。尤其是在工作时，一个女性做出这一动作就表示她能驾驭一切。

为此，她就会效仿男人双手叉腰的动作，来显示自己的权威。

此外，女性还会做这样一种动作：双手叉腰，用手掌贴住后腰部，但拇指会朝外。这时候，往往表明她们有好奇和担心的心理。女性摆出这个姿势的时候，表明她们正在判断当前的局势。当局势发展到令人担心的地步时，她们就会将自己的拇指转向外侧，以便让自己显得更具控制力。而在这时候，她们担心、不安的心理同样也会表现得比较明显。

总之，我们要记住，双手叉腰的姿势通常代表着强势和权威，所以很容易造成对他人的冒犯。因此，在社交场合一定要慎用这类动作，以免给自己的人际交往带来麻烦。但如果有人希望自己在与人交流的时候能够显得更加强势和沉稳，那不妨尝试采用这种姿势。

搓手不一定是因为天冷

搓手是一种很常见的动作，比如当天气寒冷时，一个人搓手是因为他感觉到手冷，想要借此让自己的手暖和起来。但人们做出这个动作，却又不仅仅是因为天冷。

比如，当我们拿着一根巧克力棒或者有趣的玩具逗小孩时，我们会发现，孩子在冲我们喜笑颜开的同时，还会不经意地搓搓小手掌。再比如，当一名销售员谈成一笔大单时，他也会不由自主地搓手掌。此外，还有人在下注、掷骰子、等待运动员出场时搓手。

心理学家费德曼表示，搓手掌最一种常见的心理密码，它表示对某些事物抱有期待，并且这种期待是包含自信的。此外，这个动作还代表紧张和不安，比如人们在考试、第一次表演等情况下就可能做出这种动作。

下面我们就来具体了解一下：

表示期待

与客户讨论即将到来的商品促销细节问题，在双方讨论接近尾声的时候，客户突然放松自己的身体靠在椅背上，还大笑着搓着双手说："方案差不多够好了。"这就是他在用自己的肢体语言告诉大家，他很期待这次的促销能够大获全胜。

一个人在跟我们说话时急速地搓动手掌，这是他想跟我们说话并且可以满足我们的表现。比如我们打算买个房子，如果房产经纪人听到我们的描述后，急速地搓着手掌说："我们这恰好有一处房产符合您的要求。"言下之意就是他期望我们能够满意这个结果。但如果对方是慢条斯理地搓着手，并对我们说他有一处理想的房产，那我们就需要慎重考虑一下了，因为对方可能会占我们的便宜。

许多推销人员都有一个习惯，就是当他们向潜在客户推销时，一定会急速地搓手，以免引起顾客的怀疑。相反，如果是顾客搓着手掌对推销员说"让我看看你们能够提供些什么"，则表明他希望对方有他需要的好东西。

某公司决定在国庆期间组织员工外出旅游，而旅游地点由大家投票决定。小宇在大学学的是导游专业，并有很多同学都在旅行社工作，于是他自告奋勇，想负责这件事。

当时他走进老板的办公室，一边快速地摩擦手掌，一边笑眯眯地对老板说："老板，这个任务交给我吧！我有很多同学在旅行社工作，一定给您把事情办好！"

老板看着他不断搓手的动作，脸上露出了然的笑容，说："好啊，交给你去办！办不好的话，大家出去玩儿，你就值班吧。"

"您放心吧，我一定办好，包您满意！"小宇听到老板的话后，兴奋地说。果然，国庆期间的旅游被小宇安排得井井有条，老板满意极了。

可见，搓手掌的动作表明一个人对某件事有着极大的期待，并对这件事极为热衷，有一种跃跃欲试的态度。

表示紧张

一个人在心里存疑或压力巨大的情况下，通常也会不由自主地搓手。尤其是在形势严峻的时候，搓手的动作也会随之增强。很多人在对当前的事情不自信、没把握时，会通过搓手表达内心的苦恼、烦躁、焦虑，并试图通过这个动作来缓解自己的不安和紧张。

一般情况下，心浮气躁、比较年轻和幼稚的人或缺乏临场经验的人，多半也会做出这种动作。比如那些初次登台演讲的人，因为正在面临考验、承受压力，所以会紧张地搓手。

除此之外，当一个人犯了错误，内心非常复杂时，也会做出"摩拳擦掌"的动作。再有，当一个人在思考的时候，也会缓慢地搓手。总之，所处环境不同，人们搓手所代表的含义也不同，所以我们在解读对方的心理时，一定要结合实际情况，如此才能真正知道对方的心里在想些什么。

双手一摊以示服从与妥协

手不仅仅是我们劳动的“工具”，可以完成搬重物、投掷、抓东西等动作，在表达人的感情、情绪方面也毫不逊色。它能够展现人们真实的内心世界。

心理学家发现，手上的许多微动作都可以透露出人们的心理。比如，当一个人做出双手一摊的动作时，是在表现自己的善意，也是在表示自己的服从与妥协。因此，如果我们在生活中看到有人做这一动作，就意味着对方是在表示“我什么也没做过”或“我认错”的意思。

雅静结婚好几年了，本来很幸福的她最近却变得愁眉不展，因为她发现丈夫越来越喜欢喝酒。

一天晚上，丈夫又一次喝酒到很晚才回家。他一推门进来，雅静就对着丈夫劈头盖脸地一顿说：“你一天到晚就知道喝酒，既然这么喜欢喝酒，这个家以后就别回来了！”

丈夫本来就觉得理亏，现在又被雅静一阵责骂，于是他什么也没说，双手一摊，灰溜溜地进了卧室。雅静看到丈夫做出双手一摊的动作，觉得他是在推卸责任，还不愿意认错，更加生气了。

第二天，气愤不已的雅静找自己的闺密诉苦：“我的命真是不好，遇到这样一个酒鬼！早知道，我肯定不会嫁给他！”

闺密听后，耐心地问雅静：“你责备他时，他有什么表现？”

“还有什么表现，他什么也没说，双手一摊就灰溜溜地逃进卧室了。”

“双手一摊？”

“是啊，每次都这样，再没有别的动作了。”

听到这话，闺密笑了笑说：“你用的方法不对。他双手一摊，以手心示你，就是在向你表示妥协，明白自己错了。如果你再步步紧逼，不是弄巧成拙吗？不妨试着不再责备他，也许情况就会改变。”

雅静听后，决定试一下。后来，丈夫再去喝酒，雅静也不再责骂他，反而一阵嘘寒问暖。果然，慢慢地，丈夫不仅回家的时间越来越早了，也很少出去喝酒了。

在这个事例中，雅静明白了丈夫双手一摊所代表的含义，让自己的婚姻又回到幸福的状态。

除此之外，我们常见的手部动作还有很多，下面我们就来看看这些动作所表露的心理。

双眼看着朝上的手心

当一个人把自己的手心朝上，并且用眼睛看着手心时，表示对方可能在想着某件事情。这种时候，我们最好不要去打扰到对方。

举起一只手并以手心示人

当一个人举起一只手，并以手心示人时，表示他想要发言或引起别人的注意。

隐藏手心或手心向下

隐藏手心或把手心向下，是一种权威性的表示。当有人向我们摆出手心朝下的动作时，我们立刻就能感觉到对方的控制欲。很多领导都喜欢做这个动作。

由此可见，我们只有了解了关于手的语言，才能更加轻松准确地了解周围人的想法，从而为我们的人际交往乃至事业的成功带来帮助。

双腿交叉是自信舒适的表现

有心理学家表示，人在站着的时候，交叉双腿是一种舒服和放松的表现。因为在这种姿势下，我们不可能逃跑或是争斗，并且大脑边缘系统也会自然地发出禁止做出这两种行为的信号。

比如在生活中，我们经常会看到两个挚友站着聊天时，会做出把双腿在膝盖处交叉的动作。当两个人或多个人同时做出这个动作时，往往能够形成和谐舒适的交谈氛围。

但若是我们和另一个人坐着交谈时，对方双腿交叉的姿势就可能蕴含或传达出不同的意思。如果我们谈得很愉快，那么对方放在上面的那条腿的脚尖就会指向我们的方向；与之相反，如果我们谈得不愉快，那么对方放在上面的那条腿的脚尖就不会指向我们的方向。

除此之外，不同的人在不同的场合下交叉双腿，也具有不同的含义，下面我们就来解读一下。

双脚在脚踝处交叉

双脚在脚踝处交叉一般是人们坐着时才会出现的动作，这是在表现自己担心或焦虑的情绪。所以，如果我们发现与我们谈话的人做出这种动作，那很可能是因为对方遇到了什么不愉快的事情。

小杰是个非常细心的人，他不仅工作细心，对同事也非常细心。他总能从同事的各种动作中解读出其中的意思，进而主动帮助他人。

一天，小杰在工作之余，忽然看到新来的同事正盯着电脑，双脚不自觉地交叉在脚踝处。根据经验，他判断出对方正在为什么事情感到焦虑。于是，他低声问他："遇到什么问题了？有什么能帮助你的吗？"

新同事一听，马上说："不知道为什么，这个文件无法打开，我从上班弄到现在也没弄好。"小杰一看，只是一个常见的问题，二话没说就帮他解决了。对方连说谢谢，然后又不解地问："你怎么知道我需要帮助啊？"

"哦，没什么，是你交叉脚踝的动作告诉我的。"

独自一人时交叉双腿站立

在很多场合，我们会看到一些人喜欢在独自一人时交叉双腿站立。潜意识大师安东尼·罗宾就曾表示，当一个人做出叉腿站立的动作时，表示这个人极度缺乏自信心，并且非常容易紧张。

比如在一个大型宴会中，假如某个人在角落里做出这样的姿势的话，那多半是因为不自信、紧张，甚至还有些惶恐。在与这种人相处的时候，我们应该注意使对方感到放松，不要让对方感到陌生和惶恐。

以前没有观察到这一点的人，以后可以注意一下，毕竟双腿交叉的肢体语言所代表的心理意义，在一定程度上是非常深刻的。我们只有了解了这些腿部动作的含义，在人际交往中才能更好地与别人相处。

双腿并拢站立的人

小的时候，父母经常会要求我们“站有站相”，这是因为一个人良好的站姿是仪态美的重要组成部分，不同的站姿会给人带来不同的感觉。可以说，“站有站相”是人与人沟通时的重要礼仪。

一般来说，双腿并拢站立的姿势过于严肃和拘谨（大多出现在军人、警察身上），所以普通人在日常交流时采取这种站姿往往会给人一种紧张、压抑的感觉。双腿分开的站立姿势是一种开放型的站姿，一般会表现出人们稳定的情绪和自信，代表这个人具有很好的接受他人意见的倾向。

腿部虽然处在人身体的下端，但它往往最先表露出人的潜意识。尤其是在进行沟通的时候，当我们的内心不愿意把自己的情绪波动明显地表露在脸上时，就会下意识地用他人最不容易注意到的下肢来表达，即变换不同的站姿。

因此，我们通过对他人站姿的观察和研究，可以捕捉到很多情绪和意识的信息。下面我们就通过腿部姿势，再结合其他部位的配合动作来了解一下站立姿势的内在意义。

双脚并拢，双手自然下垂

这是人们在没有任何情绪波动时的基本站姿，这种站姿的背后一般是平和、稳定的情绪。

不断改变姿势

一般情况下，当一个人处于这种状态，就表示他遇到了无法解决或者比较紧迫的问题。所以，这种站姿通常体现的是焦急和紧张。

挺胸收腹，双目平视

这种站姿充分体现了一个人的自信，如果我们与人交流时，对方采用这种站姿，则反映了两方面的信息：一是对方十分注意自己的个人形象，试图通过端正的站姿来给我们留下一个好的印象；二是因为对方现在心情不错，起码处于乐观的情绪之中。

略微含胸，背部微驼

驼背通常是身体上的原因，但有些身体没有问题的人却经常表现出略微驼背的姿势，这就说明他们比较自卑，内心正被极度不自信的情绪所困扰。

单腿站立，另一腿置于一侧

这种站姿是心态浮躁的表现，一般代表一个人略微紧张和尴尬。

双手叉腰

一般情况下，当一个人在心理上占有优势时，会下意识地摆出这个姿势，所以，这是一个人非常有自信的表现。如果这个姿势再加上双脚分开比肩宽，使人的整个躯体显得更加膨胀，则带有潜在的进攻意味，比如很多领导在斥责下属的时候，就会采用这个姿势。

双脚成内八字

内向的人一般都会采用这种站姿，但如果一个人平时没有这样站立的习惯，却在某次交流中突然表现出来，那就说明他的内心有软化的意思。此外，当一个人担心自己显得支配欲和好胜心太强时，也会采取这种站姿。

双脚并拢，双手交叉

经常使用这种站姿的人一般会显得缺乏进取心，因为并拢的双脚表现出他们谨小慎微、追求完美的性格。

倚靠的站姿

有些人在站立的时候，总是喜欢倚靠些什么，比如靠着墙、桌或人。这样的人一般比较坦白，容易接纳别人，但从另一方面讲，这类人又比较缺乏独立性，做事喜欢走捷径。

背手站立

采用这种站姿的通常是那种自信力超强的人，他们喜欢控制和把握局势。当然，如果他背后的双手是一只手抓住另一只手的话，就表示对方很可能正在压抑愤怒或其他负面情绪。

遮羞式站姿

有些人在站立时会有意无意地用手遮住自己的敏感部位，这是一种下意识的防御性动作，一般只有觉得可能遭受到他人攻击时才会做出这种动作。

总而言之，良好的站姿是气质的体现，毕竟在很多社交场合，人们都喜欢站着和他人交流，这样既显得有礼貌，又能充分展示自己的仪态美。

习惯大步向前的人内心坦荡

对我们来说，走路是再平常不过的事。但心理学家告诉我们，每个人走路的姿势都是不一样的，而且每个人走路的姿势会反映出他们的心理状况和性格特点。

比如，美国资深心理学专家罗伯特·K·雷斯勒就说过：“那些平时大踏步向前走的人通常都是身心健康、品行端正的人，不过这种人却十分好胜和顽固。”

下面我们就通过大家的走路姿势，来了解不同的行走姿态所透露出来的性格吧。

大步向前的人

这种人常常以自我为中心，凡事喜欢靠自己，因此对人际交往比较淡漠。他们思维敏捷，做事有条理，并且富有组织能力，但自身行动能力不足。因为性格原因，这种人即便遇到自己一时无法解决的问题，也不会轻易投靠别人或求助别人。平时，他们比较注重个人形象，习惯于修整打扮。这类人最大的问题就是羞怯和没有坚强的毅力。

步伐平稳的人

这种人大多注重现实，性格显得精明而稳健，又不好高骛远，凡事喜欢三思而行。他们一般不会轻信人言，比较注重信义诺言，是值得信赖的一类人。

步伐急促的人

这种人无论是否有急事，都习惯步履匆匆。在性格上，他们会表现出明快而有效率的特点，并且精力充沛，喜欢面对各种挑战，遇事也不会推卸责任。

走“八字”的人

有些人在走路时会把脚向内或向外勾，形成“八”字状。这种人不喜欢交际，但头脑聪明，做起事来总是不动声色。此外，他们的性格中具有一定的守旧倾向。

款款摇曳的人

一般只有女性才会用这种走路方式，她们腰肢柔软，走起路来摇曳生姿，令人赏心悦目。这样的人大多为人坦诚热情，并且心地善良，容易相处。在社交场合，她们永远属于焦点人物，颇受众人欢迎。

喜欢踏地的人

那些双足落地有声的人，走路时喜欢抬头挺胸，举步快捷。一般这种人大多胸怀大志，并且富有进取心，理智与感情并重。

走路斯文的人

有些人走路时喜欢双足平放、双手自然摆动，没有扭捏状，但走起来依然显得异常斯文。这种人大多胆小、保守，并且缺乏远大的理想，但遇事冷静沉着，不易发怒。

走路时上身微倾的人

这种人个性平和内向，谦虚而含蓄，他们不擅长花言巧语，与人相处时，表面上看起来沉默冷漠，却极重情义。

步履整齐、双手规则摆动的人

这种人走起路来像军人，他们具有很强的意志力以及高度的组织力，但性格上却有些武断。

步伐随意、没有规律的人

有些人走起路来，有时会把双手插进裤子口袋，使双肩紧缩，有时又会把双手伸开，挺起胸膛。这种人在性格上具有达观、大方、不拘小节、慷慨有义气的特点，并且有创立事业的雄心。

举步急速、从不后顾的人

这种人无论是在人群拥挤的地方还是寂静人少的地方，走起路来都是一副横冲直撞的样子。他们性格急躁，但胜在做人坦白，并且善于交谈，也不会做对不起朋友的事。

举步缓慢、踌躇不前的人

这种人一般比较软弱，遇事总是喜欢思前想后，显得没什么魄力，但他们憨直无诡，并且注重感情，交友谨慎。

行走迟钝、左观右望的人

这种人在行走时总是闪闪躲躲，仿佛做了亏心事。他们大多胸无大志，喜欢贪图小便宜，并且不擅长交朋友，喜欢独居生活，工作效率也十分低下。

走路左摇右摆的人

走起路来，如随风杨柳，左摇右摆，这种人大多喜欢装腔作势，并且做事不肯负责，气量狭隘，还善于谄媚。

步姿轻佻、身躯飘浮的人

这种人大多非常狡猾，他们虽然聪明却不能善用。他们往往不怒形于色，即便肯帮助别人，也会索要高昂的代价。

埋头看路的人

一个人在走路时若是低着头，一副步履沉重的样子，要么是这个人在生活中遭遇了特别沉重的打击，要么就是他在苦思冥想。但如果一个人在走路时，总是躬身俯首，微收双肩，温文恭顺，则说明这个人对人比较谦逊，但有些缺乏自信，也不具备冒险精神。

下巴抬高、夸张摆臂的人

有些人走路时喜欢把下巴抬高，夸张地摆动手臂，并且腿部僵直，整个人的步伐看起来沉重而迟缓。这样的人往往比较傲慢，喜欢表现自己。

所谓“形迹知其神，动静见操守”，一个人走路的姿态，无疑是他行为中最为重要的一环。我们在考察一个人内心世界的时候，不仅要看他怎样说，更要看他怎样“行”。

身体前倾表示感兴趣或愿意

在与他人交流时，如果对方对我们的话题感兴趣，他的身体往往会朝我们倾斜过来。如果对方对我们的话题非常感兴趣，那他的身体不仅会朝前倾斜，还会把双腿往后缩。因此，当我们看到有人做出这样的动作时，就意味着他在向我们示好。

晓彤和司言是相亲认识的。见面那天，司言早早就等候在约会地点，一进门的晓彤看到对方穿戴整齐、文质彬彬的样子，立刻露出了会心的笑容。

见面之前，晓彤对司言的基本情况已经有一定的了解，她觉得不错，希望对方真的是自己的归宿。见面后，两人聊得很开心。期间，司言在晓彤说话的时候，身体总会微微前倾。晓彤有个喜欢研究心理学的闺密，听得多了，她自己也能记住一些，比如她现在就知道司言微微前倾表示愿意继续交谈，所以她心里更加高兴了。

没多久，司言就约晓彤再次见面。这次，晓彤早早来到了约会地点。司言准时达到后，发现晓彤已经到了，他很不好意思，身体前倾着走了过来。又一次看到他这个动作，晓彤瞬间就乐了，想着："真是一个性格内向的人，据说这种人非常注重感情，也不用担心他花心了。"

半年后，两人决定结婚，晓彤的朋友都说她太草率了，但她觉得自己不会看错人。果然，婚后两人的生活十分幸福，而司言也事事以晓彤为先，成为一个标准的“家庭煮夫”。

晓彤和司言两个人幸福地在一起，真的是天定的缘分吗？当然不是，关键是晓彤从对方细微的身体动作中看出司言是一个怎样的人。

喜欢一个人，身体会前倾；反之，讨厌一个人时，我们的身体也会下意识地远离这个人。这是因为我们的腹侧对我们喜欢或不喜欢的人或事物都很敏感，当遇到喜欢的人或事物，我们的腹侧就会倾向对方，而当我们感到事情不妙或遇到不喜欢的话题时，腹侧就会做出相反的动作。

人类学家通过观察发现，在面对面的情况下，人们彼此间会因为情感亲疏的不同而不自觉地保持不同的距离。比如，亲密的人彼此可以接近到0.5米，有私交的朋友彼此可以接近到0.5—1.25米，陌生人彼此间的距离通常会维持在3米以上。

像这种因为情感的亲疏而表现出来的人际交往中距离的变化，心理学上称之为“人际距离”。顾名思义，熟悉的人之间就彼此亲近一点，而当彼此陌生时就保持距离。人际距离的变化，是由双方在沟通时通过肢体语言呈现出的一种情感性表示。由此，我们也可以轻而易举地从“人际距离”中看出两个人的亲密和信任程度。

WEI
BIAO QING
XIN LI XUE

第四章

看透身体微反应，让真相水落石出

轻松揭开假笑的面具

微笑是我们在日常生活中用得最多的表情之一，也是我们维持良好人际关系的重要手段之一。笑容可以让我们获得更多快乐，也能使人际关系变得更为融洽，但要注意的是，只有真实的笑容才有这样的作用。

美国加州大学心理学家保罗·埃克曼教授和肯塔基州大学的华莱士·V·法尔森教授经过多年研究，设计出了一套识别面部表情的编码系统，它能够成功地破解人们的表情，包括真笑和假笑。

实验证明，因为喜悦而产生的自发笑容，与故意收缩面部肌肉引起的伪装笑容，是不一样的。

当一个人真笑时，他的嘴角会自然上翘，眼睛会眯起，并且因为笑容自发产生，所以面部主管笑容的颧骨主肌和环绕眼睛的眼轮匝肌也会不受支配地同时收缩，使眼睛变小、眼角产生皱纹、眉毛微微倾斜。

伪装的笑容则是通过大脑有意识地收缩脸部肌肉，咧开嘴，抬高嘴角而产生，所以眼轮匝肌不会收缩。有些人在假笑时，动作会非常夸张，面部肌肉强烈收缩，把整个脸挤成一团，给人一种眼睛眯起来的假象。但无论如何伪装，一个人眼角的皱纹与倾斜的眉毛是没有办法伪装的。

换句话说，只要我们遮住一个人面部的其他部位，只露出眉毛和眼睛，如果是真笑，依然能看出来微笑的表情；但如果是假笑，就只能看到一双无神的眼睛了。

有趣的是，专家们弄明白真笑和假笑的区别后，便将贝克汉姆的妻子维多利亚和英国前首相布莱尔列为假笑最多的人，因为他们“笑”的时候都是嘴角上提，但眼睛和眉毛上却没有表现出笑的情绪。

当然，这里并非说不是真心的笑容就不好，毕竟礼节性的笑容在生活中也很重要，所以我们没有必要一定去把他人的笑容分出真假来。此外，也不是所有的非真心的笑容都是出于礼节，虚假的笑容在很多时候都会跟别的表情一起出现。

美国前总统里根有张照片，上面展示的是他在受到一位女士的诽谤之后，还不得不去拥抱她时的一个表情。我们没法在照片中看清里根总统的眼轮匝肌是否有收缩，但他的微笑肯定不是在表达他的内心正在享受这种感觉，他收缩的嘴唇更是说明他在极力控制着自己，这就是一个典型的忍耐并假笑的表情。

另一位美国前总统尼克松，在宣布辞职并走下讲台时，也露出了非常勉强的微笑。那是尼克松在白宫的最后一次演讲，当时他的嘴角有点下压，那是悲伤的标志。如果不是他极力挤出一丝笑容，那么他悲伤的表情会更加明显。

现实生活中，我们有必要认识真假笑容的区别，以便洞穿他人假笑的面具，看到对方真实的情绪。但假笑也会因为情景的不同，与各种情绪结合生成不同的含义，所以我们需要用心去识别别人的表情，这样才能给我们的人际交往带来帮助。

眨眼动作变快，表明他可能在说谎

正常人的眨眼属于非条件反射。一个正常人每分钟需要眨眼15次左右，这个数字是可以上下浮动的。如果一个人眨眼频率明显加快，那么他就有可能在说谎！

2001年，美国一家旅店发生一起纵火案，当时有63名旅客和工作人员遇难。最后，调查人员通过非正常的眨眼次数找到了责任人。

在排查嫌疑人的时候，调查人员向事发现场的一名保安提出了包括“失火前后身在何处”“是否参与纵火”“大火是从哪里开始蔓延的”等几个细节问题，以确定此案是否与他有关。

调查人员在对方回答问题时，仔细观察了他的表情，希望能够获得一些有用的信息。经过观察和分析，调查人员发现，在被问到“起火时他身在何处”时，他的眼睛会不断地眨动，而被问到其他问题时却没有任何异常。

于是，调查人员知道问题的关键在保安的不在场证明上。后来调查人员以此为突破口，对他进行了更细致的盘问。最终，这名保安不得不承认，他因为在案发时离开岗位去见了外面的女朋友，才让纵火犯趁机进入他的管辖范围，酿成了大祸。

研究表明，人们在面临重大问题时，精神不可避免地会出现紧张的情绪，从而导致心跳和血液循环加速，这些可以从眨眼频率的升高上反映出来。等到最终结果揭晓之后，无论这个结果是不是令人满意，人的情绪都会归于稳定，眨眼的频率也会自然降下来。

当一个人在说谎时，他眨眼的频率首先会下降，因为他想让自己保持冷静，使自己看上去很自然，以便能“睁着眼说瞎话”。但人只要说谎，就会不自觉地感到焦虑、担心，在这种情绪下便会不由自主地快速眨眼。因此，眨眼频率先慢后快通常是典型的说谎标志。

另外，可别小看这一个小小的眨眼动作，这里面包含着很多学问，可以帮助我们了解一个人的情绪和心理。

眨眼频率快且轻巧：感兴趣的信号

一个人眨眼频率快且轻巧，呈现出“扑闪扑闪”的状态，释放的是感兴趣的信号，说明他的大脑正在积极思考。比如我们在社交场合做出精彩的发言时，听众们的眼睛是亮闪闪的，这就说明他们对我们讲述的内容很感兴趣。

眨眼用时延长：厌倦的信号

正常的人每次眨眼要用0.2～0.4秒的时间，当一个人在眨眼时，眼睛闭上的时间远远长于正常情况时，表明他的大脑在下意识地阻止眼前的事物进入自己的视线，说明他对眼前的事物感到了厌倦。

在与他人进行交流时，对方眨眼次数变少，并且每次闭眼的时间明显延长——他的潜台词可能是说：“你的话太无趣了，我太不爱听，你快点说完就走人吧！”这时我们就应该赶快换一个话题或者结束交流。

故意眨眼：猎取和吸引的信号

生活中，在遇到喜欢的男生或女生的时候，一些人会故意做出眨眼动作，俗称“放电”或“抛媚眼”。无论是女性还是男性，做出这种动作都是一种向外界暗示猎取和吸引的信号，目的是获得他人的关注。

频繁地眨眼：紧张和有压力的信号

心理学家调查发现，当人们在面对求婚、面试等重大事件时，都会出现不同程度的频繁眨眼的情况。而且，这种眨眼具有持续时间长的特点，在很多时候甚至要持续到得到最终结果之后。

不同的眨眼动作所表达的意思完全不同，但只要我们掌握了察言观色的关键，便能在人际交往中无往不利。

手摸鼻子是因为鼻子痒吗

很多人都有摸鼻子的习惯。从生理学上讲，当人们在花粉过敏或感冒时，会因为鼻子发痒而反复摩擦鼻子，但如果这个动作与人们的对话内容、频率和节奏相结合，就不再是因为单纯的鼻子发痒，而是代表其他意义。

代表撒谎

美国芝加哥的嗅觉、味觉治疗与研究基金会的科学家发现，人们在撒谎的时候，血压会上升，导致鼻子膨胀，并引发鼻腔的神经末梢传送出刺痒的感觉。此时，人们便会通过频繁地摩擦鼻子来舒缓发痒的症状。

美国神经学者曾深入研究了比尔·克林顿与莱温斯基性丑闻事件。在观察克林顿向陪审团陈述证词时，他们发现：克林顿在说真话时很少触摸自己的鼻子；但只要一撒谎，他的眉头就会在谎言出口之前不经意地微微一皱，而且每4分钟就触摸一次鼻子。在陈述证词期间，他触摸鼻子的总数达到26次之多。

美国马萨诸塞州大学的心理学家罗伯特·费尔德曼，为了证实手摸鼻子的动作与说谎有关，专门做了一个实验，并在实验过程中用隐蔽的摄像机录下了现场的情景。最后，实验人员一边观看影像，一边计算人们在交谈中说谎的次数。统计结果显示，一个人竟然可以在10分钟内说3个谎言，并且说谎时最明显的动作就是用手摸鼻子。

由此可见，在与他人交流时，如果对方不自觉地用手去触摸自己的鼻子，我们就要仔细考虑一下对方话语的真实性了。

当然，人在说谎的时候不一定会直接摸鼻子或捏鼻子，很可能是在鼻子上轻轻地蹭几下，因为这种动作的幅度比较小，一般不会被人察觉。

代表紧张

一个人在过分紧张时，会产生心跳加快的现象，同时体内释放出大量激素和儿茶酚胺，这时鼻子就会变得痒痒的，于是人们便会不自觉地触摸鼻子。

当然，这并不一定表示对方心里有鬼或者蓄意撒谎，也有可能是因为他们想要隐瞒一些事情，害怕别人不信任他们，又或者是因为对方是在准备一个意外的惊喜，但因为太过紧张而被察觉到了。

代表害羞

一个人对某位异性有好感而又不知该如何表达时，可能会通过摸鼻子来害羞地表达自己的爱意。这类人一般比较朴实，不善于表达自己，所以到最后很可能与喜欢的人失之交臂。

代表自我感觉良好

有些自我感觉良好的人也会不自觉地用手摸鼻子，他们在做这一动作时，一般是想表达：“看吧，我比你想象的要出色！”

代表谦虚

不断用手摸鼻子的人还可能是一些谦虚的人，他们摸鼻子是为了减少别人的心理负担。一般这种时候会伴有“这只是小事，无须报答”之类的言辞。

总之，当一个人摸鼻子的时候，如果不是因为过敏或感冒，往往就是因为他在说谎、紧张或想要隐瞒什么事等。不过，只要对方不是蓄意欺骗，我们也无须太较真。

盯着眼睛真能看出别人撒谎吗

当一个人眼神坚定地盯着我们看时，他所表达的含义也许并不是诚恳，而可能是因为他是个说谎高手。因此，当别人说出“请盯着我的眼睛”时，我们就需要根据当时的具体情况，来分析对方的眼神所代表的含义。

有句话说：“说谎者从不看你的眼睛。”那些善于说谎的人也牢牢地记住了这句话，他们会反其道而行之，选择加倍专注地盯着我们的眼睛，以避免自己的谎言被识破。所以说，那些经常说“请盯着我的眼睛”的人，并不一定真诚无欺。

对此，心理学家专门做了一个实验。他们把一群志愿者分成两组，让他们面对面坐着，然后让其中一组向另一组说谎，而心理学家则通过提前在隐秘处安装好的摄像头来观察说谎者的眼睛。结果出人意料：有70%的说谎者都会坚定地盯着对方的眼睛。

由此可见，那些说“请盯着我的眼睛”的人，也很有可能是在撒谎。所以，我们要学会判断一个人的眼神，不要被对方坚定的目光欺骗。

小艳是一家公司的行政文员，她做事勤奋，并且能力出众，深得老板的赏识，和同事也相处得很好。但突然有一天，小艳发现同事们看她的眼神变了。在上洗手间的时候，她还听到有人说她是“小三”“不要脸的狐媚”……

这些话让小艳有些不知所措，她根本不知道发生了什么事情，就找到和自己最要好的同事小敏询问情况。对方偷偷地告诉她：“昨天下班的时候，前台的小青和几个同事说，老板这个月给你多发了1000多块钱的奖金，真不知道你和老板是什么关系。”

小艳一听这话，顿时火冒三丈，难不成本本分分做事的人，就因为老板给发了奖金就不清白了？于是，她立刻去质问小青：“是你和同事说了乱七八糟的话污蔑我是不是？”

对方从容地看着她说：“你看着我的眼睛，我绝对没说过这样的话，到底是谁告诉你的？你要不信就把她找来和我对质！”看着小青坚定的眼神，小艳心里开始犹豫，难不成真的错怪她了？但老板这个月多给自己发奖金的事情只有小敏和她知道，而小敏绝不会做这种事。

这样想着，小艳又坚定起来：“对质就对质，我这就去把人叫来！”她说完这句话后就发现小青突然变得惊慌起来。

那些擅长说谎的人知道游移的目光很可能会泄露自己的内心秘密，所以为了让自己看起来更“诚实”，他们会用坚定的目光盯着我们。当然，并不是所有坚定的目光都代表谎言。

例如，当我们在讲述一件事时，对方一直盯着我们的眼睛看。这时他是在传递真诚，表示他正在很认真地听我们说话，并准备真诚地与我们进行交流。再如，当一个人遇到困难但又不愿被困难打败的时候，往往会露出坚定的目光。这时候他的眼神就与谎言和真诚无关了，而是代表他正下定决心去做某件事。

总而言之，眼睛被称为“心灵的窗户”，这说明眼睛在读取他人心理方面有着重要的作用。因此，我们只要用心观察这两扇窗户，就一定能感知一个人的真实心理。

左脸比右脸更“诚实”

有一个有趣的理论认为，一个人的左右脸越是对称，那这个人就会越漂亮。很多人都对此表示怀疑，觉得不可思议。事实上，我们的左脸和右脸是不一样的。不仅如此，即便在同一时刻，左右脸的表情也是不一样的。

有一个很简单的方法可以证明：先找一张自己的正脸照片，然后利用图像处理软件切下照片的左半边脸，再利用翻转功能将左半边脸转成右脸，贴回到原来的照片上，就成了一张新的照片。这张左右两边都是左半边脸的照片，称为“左脸照”。接下来，再用同样的方法创造一张“右脸照”。最后把原来的照片放在两张左右脸照片的中间就会发现，左右脸照片中显示出的更像是两个跟本人不一样的人。

那么，为什么一个人的脸会出现这种情况呢？美国心理学家罗加·思贝利研究发现，人的大脑有左右之分，其中右脑主管图像、绘画、直观感觉等形象思维；左脑主管分析和解析等逻辑思维。而且，主管情绪和感情的右脑，支配身体的左侧；而主管逻辑的左脑，则支配身体的右侧。

于是，一个人的右侧脸流露出来的是理性的信号，会显示出比较愉快、敏感、脆弱的表情，被称为“公共表情”；左侧脸则会显示感性信号，反映出一个人内心隐藏的严厉、冷酷、抑郁等性格，被称为“私人表情”。所以，左侧脸更容易显露出一个人的真情实感，也就是说，左脸比右脸更“诚实”。

要想知道一个人的真实想法，请看他的左脸。因为左脸所显示的信息正是右脸所掩饰的。比如我们问某人：“您觉得这个意见怎么样？”对方的回答是“还不错”，但他的左眼空洞，左脸更是面无表情，这说明他在说谎。

此外，人的左脸因为受右脑控制，具有更丰富的表情，所以很多人在拍照或者照镜子的时候会更喜欢自己的左脸。比如，“甜心教主”王心凌就拥有“左脸王”的绰号；以高挑的身材与巴掌脸著称的名模林嘉绮，偏好以左脸示人；混血美女许玮宁同样表示，不论是工作还是私下自拍，都喜欢以左脸45度角入镜。科学家把这种行为称为“左脸原则”。

剑桥大学心理学家麦克·马纳斯和汉弗莱专门检验了1474幅14世纪到20世纪的西欧单人肖像画，发现其中有60%的人都在展现自己的左侧脸，只有40%的人展现的是自己的右侧脸。也就是说，艺术家们同样更倾向于将肖像的左侧脸呈现给我们看。

维克森林大学心理学家布莱克本和斯基里洛也通过实验发现，人们对左脸的喜爱程度超过右脸，因为被右脑控制的左侧脸有着更强烈的情绪，所以一个人如果摆出冷酷的脸，他左侧的脸就会比右侧的脸看起来更冷酷；如果摆出一张充满笑容的脸，那么左脸也会比右脸看起来笑容更多。

人的左脸更容易显示一个人的基本气质。我们若是遇到一个左脸偏向活泼，而右脸偏向冷酷的人，那么很可能这个人原先是性格比较开朗的，但后来特殊的生活环境或者经历使他的面容逐渐变得冷酷起来。

可见，由于内在的情绪以及比较深层次的情感都发源于右脑，我们真实的情绪更容易从左脸表现出来。也正是因为左右脸的不同，我们才能够从一个人的正脸中分析出一个人隐藏的性格。

语气坚定却不自然低头的人往往在撒谎

一个人在撒谎时，往往会有各种各样的表现，比如说话吞吞吐吐、略带迟疑，面部表情会显得僵硬，甚至会因为太过紧张而出现抽动，眼睛眨动的频率过快，额头会有密密麻麻的汗珠渗出，脸红得厉害……还有，当一个人说话时语气坚定却会不自然地低头，同样表示他在撒谎。

达伟是一家公司的销售经理，但前段时间，他居然被一个自称是外地经销商的人给骗了。

当时，达伟所在的公司资金出现了问题，所有人都在为公司积压的大量货物发愁。这时，一个自称是外地经销商的人及时雨般出现了。为了好好招待这位主动送上门的“财神爷”，公司决定派经验丰富的达伟去接洽。

双方见面坐到一起后，那个自称张经理的人语气坚定地说：“哥们儿，你就放一百二十个心好了，我这次出来是为我们公司开拓市场的，所以你们公司的产品我们全包了！”说话时，对方不自然地低了一下自己的头。

达伟并没有注意到对方的动作，他从公文包里拿出合同书，准备趁热打铁把事情定下来。对方也很配合，接过笔准备签字。签字之前，达伟还特意问了一句：“张经理，在签合同之前，我还是有必要问一下，请问这次你们是付现金还是支票？”

对方依然语气坚定却很不自然地低着头说：“怎么，兄弟还信不过我们公司？我们公司的信誉在当地可是没话说的。我们一向是货到付款，没有提前支付这一说。如果你觉得这样不妥的话，那我们也不勉为其难了，就当我白跑一趟。”

这话一出，虽然达伟心里还是有点儿不踏实，但他又确实找不到什么可疑的地方，再加上公司现在确实已经到了危急关头，于是他把心一横，破例和对方签了合同。

结果，当达伟的公司按时把货发出后，对方却像石沉大海一般，再无音讯。直到这时，他们才发觉上当了。

从案例中可以看出，其实那个张经理并不是什么说谎高手，他的动作中有很明显的漏洞，比如他在和达伟商谈时，语气虽然坚定，但总是不自然地低头，这是那些心口不一的人才会有的举动，只是当时达伟没有认真观察和思考罢了。

当然，正是因为这种“恶意的谎言”的出现，才使我们的人际交往缺少了许多应有的信任，甚至有些人就像案例中的“张经理”一样，为了达到不可告人的目的，或者为了隐瞒自己的罪行和劣迹，故意巧言令色、混淆视听，把假的说成真的。

当然，任何事情都是一分为二的，既然有恶意的谎言，当然也会有善意的谎言。所以，我们遇事需要三思而后行，切不可一概而论。

耸肩背后的心理玄机

在电视剧《别对我说谎》中，主角莱特曼认为："耸肩是撒谎者的经典动作。"比如，当我们询问对方："你赞成我的观点吗？"如果对方回答"完全赞同"，却又耸耸他的半个肩膀，就表示他并没有说实话，很可能他并不赞成我们的观点。

当然，只凭耸肩这一动作还不足以让我们确定对方是否在说谎，但我们依然可以从中找出一些蛛丝马迹。

新西兰女服务员戴娜的故事在网络上引起轩然大波。她曾发博文说，有一对夫妇在酒馆结账时不但没有给她小费，还在收据上写下侮辱她的留言。之后，她的这条博文被不断转发，甚至有许多网友开始向戴娜捐钱，而戴娜则表示，她会把收到的3000美元捐给一个救治伤残老兵的项目。

但故事在一个星期后出现了反转：那对夫妇看到新闻后，意识到自己就是戴娜口中的"那对夫妇"，但他们说当时不仅给过她18美元小费，也没有留下任何字条。他们联系了报道此事的媒体，还出示了消费记录，证明两人在餐费外支付了18美元小费。他们还出示了自己的笔迹，表示自己的字迹与戴娜所展示的留言字迹完全不同。

媒体再次采访了戴娜，并对她的行为提出质疑。对此，戴娜只是不断地重复自己的故事，说：“呃，我不知道，那也不是我的笔迹。反正……”说这些时，戴娜频繁地耸肩、扬眉。事实上，她的行为更像是在表达：“我不知道如何摆脱眼下的窘境。”

事实证明，整个事件都是戴娜编造的。在采访中，戴娜露出了破绽，就是她的耸肩。当然，只是耸肩，并不意味着对方就在说谎。毕竟耸肩这个动作很常见，比如当我们突然听到背后传来一声巨响，或是感受到威胁、担心有什么东西会伤害到自己的时候，也会下意识地做出这个动作。

在心理学家看来，一个人在社交场合做耸肩动作，往往有多种含义，也许是因为没有安全感，也许是缺乏自信。

没有安全感

一般情况下，当我们处于消极状态时，身体就会做出乌龟般的动作，也就是将自己的双肩慢慢往上提，一直升到耳朵的位置，甚至会直接将自己的脑袋缩回去，看起来就像没有脖子一样。这种行为被称为“海龟效应”，反映出一个人没有信心、没有安全感。

享誉全球的身体语言大师乔·纳瓦罗同样认为，耸肩这一动作有着极为丰富的含义。在他看来，当一个人局部耸肩，就表明他缺乏担当或者没有安全感。

所以，当一个人不自觉地耸肩时，就表示他正处于消极状态，表明他没有安全感、情绪低落等。比如在公司会议上，当老板说出“好了，下面我想听听大家最近都做了些什么”这样的话，那些业绩好的人就会七嘴八舌地开始谈论自己骄人的业绩，而那些业绩较差的人就会不由得耸起自己的肩膀，将自己的头缩回去。

弱势

当下属畏惧上司的威严时，很多人也会耸肩，因此耸肩还能揭示双方之间的地位和权力关系。这样的情况在家庭中也非常常见，比如当孩子做错事时，妈妈严厉地说："真是令人伤心，你做错了事，但没有告诉我。"这时，孩子很可能就会做出低头耸肩的动作。

无奈

在社交场合，如果正在与他人谈话的人突然做出低头耸肩的动作，那很可能就意味着他在表示无奈、恭顺，当然，也可能是在向他人道歉。

总而言之，如果我们不想把自己沮丧、不自信的一面呈现在他人面前，那在人际交往中就最好不要做耸肩的动作。同时，我们在与他人交流时，要注意对方耸肩的动作。如此一来，我们就可以通过当时的环境以及对方细微的身体变化来判断他的心理，进而实现更有效的沟通。

别对我说谎，声音会告诉我真相

声音伴随着我们的言语产生，它对语言起着加强或削弱的作用，因此具有第二语言的功能。

一般情况下，如果一个人的声音所传达的信息与语言一致，就会加强语言所传递的意思；反之，则会起到削弱甚至否定语言的作用。当我们说出言不由衷的话时，除了可能会被肢体语言出卖之外，还可能被我们的声音出卖。

美国加州警察局曾发生过这样一件事：有几名染着红色头发的年轻人被怀疑和加州一起纵火案有关，警察把他们带到了警局。当警察询问他们相关问题时，几名年轻人都连连摇头，极力否认。没办法，警察只好分别对他们进行审问。

第一个人用飘忽不定的眼神回答警察的问题，并且声音非常小。警察认为这个人一定知道什么细节，并得出这个人比较胆小、没主见的结论。之后问到第二个人，他的回答和第一个人相似，说话的声音也很小。

当第三个人被问起关于纵火案的问题时，他用非常高的声调不耐烦地说："别问我，我什么也不知道！"警察由此判断这是一个争强好胜，并且具有一定号召力的人，于是将一张纵火现场的照片拿出来，问他："照片里的人是不是你？"对方瞪大眼睛，依然用很大的声音说："你们一定是搞错了，这根本不是我！你们没有证据，如果不尽快将我释放的话，我有权提出抗议！"

之后，警察又拿着这张照片到前两个人面前，这次他们回答的声音更低了。警察趁机问："这是不是你们的头儿？"两人怯怯地回答："是的。"

得出这样的信息并不意外，因为警察已经通过这些人声调的高低分析出他们的心理特征，并查明他们就是实施纵火案的犯罪分子，如今只是为了让他们主动交代自己的犯罪过程。

一个人声调的变化虽然看似平常，却蕴含了很多信息，而这些信息可以帮助我们洞悉他人的内心。比如，音调的提高一般是为了对谈话内容进行强调，也表明一个人带有兴奋、愤怒或惊喜的情绪；音调降低也可能是一种强调手段，可以引起听者注意，也可能意味着怀疑、回避，或者是因为涉及伤心的事情等。

伦敦大学心理研究学院的史蒂夫·马克教授通过实验证明，一个人说话声音的高低可以传递出很多信息，借助这一点能够透视他人的心理。

马克教授随机在校园里找了300名学生，然后将他们每两人分为一组，再分别与他们进行面对面的沟通，最后根据这些学生谈话的声调来对他们进行心理分析。经过2个小时的研究，马克教授发现这样一个规律：一般说话声调高的学生大多都能掌握交流的主动权，甚至会让对方没有插话的机会；而说话声调低的学生则会被动地倾听，并且很少能掌握话语权。

之后，为了进一步了解这些学生的心理特征，马克教授又对他们进行了跟踪式研究，最后得出结论，那些说话声调高的学生会表现出勇敢、喜欢出风头等特征，而说话声调低的学生则会表现出冷静、胆怯、不爱出风头等特征。

一般来说，人与人之间的语言沟通必然要发出声音，而每个人说话的声音又不尽相同。这就意味着在这些声音里包含了很多细小的元素，只要我们把握好这些元素的微变化，就可以读懂对方的心理。

男人和女人究竟谁更擅长说谎

美国心理学家费尔德曼表示，人是非常喜欢讲谎话的生物，而且比人们自己所意识到的要讲得多。生活中每个人都会时不时地说谎，男人会说谎，女人也会说谎。

调查显示，世界上有91%的人都会有规律地进行说谎，并且根据美国一个著名脱口秀节目上的一段谎言测试可知，每人每周至少要说13个谎话。

谎言在我们的生活中如此频繁地出现，那男人和女人相比，究竟谁更擅长说谎呢?

美国中密歇根大学的罗伯特博士认为，男人应该更擅长说谎，因为男人更注重如何在公众场合表现自己，也更在意给别人留下什么样的印象，他们总是试图在工作中表现自己，并确保自己的表现让别人觉得很得体；女人则更注重个人隐私，所以她们更倾向于私下的亲密交往。再加上女人比男人更脆弱，因此她们不会像男人一样去蒙骗别人。

芝加哥汉密尔顿生命研究院的班尼特博士同样相信男人更爱撒谎。她表示，女人追求和评价男人的方式，都以他们拥有的财富为基准，所以一个男人很可能会夸大他的财富来吸引女人。他可能会夸大他的收入、工作职位，更有甚者，他可能会借一辆汽车来卖弄。

班尼特博士还表示，女人通常会对她们的外表做一些改变，来让她们看起来更苗条，例如穿紧身衣；她们还会用化妆遮盖脸上的瑕疵，也会通过戴隐形眼镜来改变眼睛的颜色。

有趣的是，在英国的一项调查中，有3/4的人认为，女人比男人更擅长撒谎。很多人认为，男人虽然爱撒谎，但女人比男人更会撒谎。因为男人的谎言往往会被一眼识破，但要识破女人的谎言则要多费些力气。这是因为女人天生心细，能够将谎话描补得更为逼真。

女人撒谎很多时候是为了避免自己受到伤害。有时候她们怕伤害对方，更怕伤害到自己。为了尽力去维持一种平衡，女人就把谎言变成了紧要关头的“缓冲剂”。她们知道，一旦人际关系中的某种平衡被打破，就意味着自己身边会产生许多敌人。所以，她们就把谎言变得像滚雪球一样，从第一个谎言开始，用更多的谎言去弥补和掩盖之前的谎言，渐渐撒谎成性。

事实上，男人和女人的谎言都有一个共通点：为了能让自己看起来更出色，也就是虚荣心在作祟。要知道，如果没有了虚荣心，谎言就会成为没有土壤的根，根本无法生长。而男人和女人谎言的不同在于：男人的谎言更倾向于解决问题，而女人的谎言则更倾向于追求心安。

让说谎者显露原形的蛛丝马迹

生活中，从没有滴水不漏的谎言，哪怕是最高明的说谎者也无法做到这一点。也许是他的表情泄露了秘密，也许是他的动作出卖了他的心理，总之，只要我们用心观察，总能找到让说谎者显露原形的蛛丝马迹。

下面我们就来具体分析一下，一个人在说谎时会出现哪些痕迹：

触摸身体

人在说谎的时候，为了掩饰自己的内心，会不自觉地暴露一些小动作，如摆弄自己的手指、摩擦双手、转动手上的戒指或者下意识地触摸身体的某个部位。

心理学家曾做过这样一项实验：他们要求志愿者用谎言来回答面谈者的提问，并分别对他们在撒谎前、撒谎时、撒谎后等各个时间段里的非语言行为进行记录，再与他们在不说谎时的行为进行比较。实验表明，一个人在刚刚接受说谎的指示后，他的回答会变得比之前更加简短，并且还伴有摆弄手指、下意识地抚摸身体某一部位等细微的动作。

经常“忘我”

当一个平时说话啰里啰唆的人突然变得语言简练起来，可能就表示他在说谎。他们担心过多的话会暴露自己，所以秉承“少说少错”的原则，用较少的语言进行表述。

对此，美国赫特福德郡大学的心理学家韦斯曼教授表示：“人们在说谎时会自然地感到不舒服，他们会本能地把自己从他们所说的谎言中剔除出去。比如你问你的朋友他昨晚为什么不来参加聚会，他抱怨说汽车抛锚了，他不得不把它修好。说谎者会用‘车坏了’代替‘我的车坏了’。”

所以，当我们向他人提问时，对方如果总是不停地省略掉“我”，那这个人就有被怀疑的理由。

值得一提的是，说谎者也很少会使用到他们在谎言中所牵扯到的人的姓名。比如美国总统比尔·克林顿就“拉链门”事件向全国讲话时，他就没有说出“莫妮卡”的名字，而是用“那个女人”代替。

思路过于清晰

当我们在询问一个人几天前发生的事情时，没有人能保证自己在复述的过程中不犯错误，毕竟想要让人们记住一个时间段内的所有细节是很困难的。因此，为了把思绪理顺，人们在复述的时候难免会磕磕巴巴。他们可能会这样说：“我回家，然后坐在电视前……噢，不是，我先给我妈妈打了个电话，然后才坐在电视前面……”

但说谎者却不会犯这样的错误，因为他们在大脑中已经把假定情景中的一切都想好了，因此不会出现反复纠正的现象。事实上，恰好就是因为这一点，他们才暴露了自己。

声音和声调反常

一般情况下，说谎者的声音会不自觉地拔高，因为他们要掩饰自己心中的不安。比如，当妻子问老公刚刚是谁打来的电话时，对方突然大声说：“啊，是那谁……”实际上他十有八九没说实话。

而当一个人突然降低自己的说话音调时，同样也表示对方的话里有鬼，因为说谎者在潜意识里多少都会有点心虚，他既希望能蒙住对方，但又怕出错，所以会不自觉地放低声音。说谎者在说话时，神经会高度紧张，这会让他们时刻注意自己的语言，生怕出现让别人察觉的漏洞。当一个人说话时顾虑多了，语速自然就放慢了。

前后表述不一

有些人在说谎的时候，自己的话在复述中会出现偏差。所以，当我们认为有人在对我们说谎的时候，可以先假装相信对方说的话，然后再让他重复一遍。

在说谎方面有经验的人在撒谎前都会经过缜密的思考，甚至事先还要在心里排练，以便把谎言圆好。因此，在他说第一遍谎时，我们很难判断真伪，但如果让他进行复述则不然了。由于他没有准备“连续演出”，所以在说出谎言之后，他就松弛下来，此时再让他复述，他便很容易出纰漏。

转移话题

说谎者都有一种逃避谎言的心理，为了避免引起他人的怀疑，他们经常会用转移话题的方法进行逃避。因此，当我们觉得对方可能在说谎时，不妨先发制人，迅速转移话题。如果对方在说谎，那么即便两人刚刚在聊比较开心的话题，对方还是会立马“顺坡下驴”。

信息过量

一般来说，说谎者都非常喜欢修饰和解释。其一，这是因为说谎者不相信自己的谎言，进而想通过更详细的信息证明自己谎言的真实性；其二，说谎者认为掺杂进大量的修饰语，会让对方对关键词汇的注意力下降，进而更容易被蒙骗。所以，当我们发现一个人在向我们叙述某件事时过于啰唆，明明几个字就可以说明白的话非要画蛇添足，那我们就有必要考虑一下对方是否在说谎了。

总之，无论是多么高明的说谎者，总会出现这样或那样披露。只要我们留心观察，总会发现说谎者的“马脚”，让谎言无所遁形。

喜欢用消极情绪来掩饰谎言的人

有心理学家曾说：“那些说谎的人总是试图用一些消极的情绪来掩盖自己谎言中的破绽。消极情绪会让别人分散注意力，从而对谎言放松警惕。而说谎者最常用的手段就是摆出生气或暴躁的样子。”事实也正是如此，比如孩子在撒谎之后仍然不肯承认自己撒谎，他们会摆出一副委屈的样子，或者直接采取“眼泪攻势”，来分散家长的注意力。

而与小孩相比，成人的世界会更加复杂。在生活中，我们经常可以看到，有些人在说谎之后会用愤怒等情绪来掩饰自己的谎言。当我们怀疑别人正在对我们说谎时，只要对方一边说话，还一边做出委屈或生气的表情，那我们就基本可以断定他说谎了。

美国曾发生过这样一起欺诈案：

在拥挤的电车上，一名年轻的白人男子向车上的乘客卖票收钱，并且他还摆出一副不耐烦的样子，好像如果有人敢多问一句，他就会发飙。

看到他的表情，乘客自然也就不敢多问什么。可是，乘客把钱付给这名男子后，却没有拿到车票。其中一名乘客向他索要车票时，年轻男子生气地表示票已经撕完了，想要车票就得到终点站补票。

电车即将到达终点站的时候，有位老人忍不住对这名男子说：“你可以出示一下你的工作证件吗？”这时，年轻男子迅速下车，扬长而去。

在整个诈骗过程中，车上的人从始至终都没有对男子产生过怀疑，最后在老人发现端倪的时候已经晚了。这其实与我们惯有的思维方式存在很大的联系。当骗子要求车上的人买票时，大家会下意识地认为“他是售票员”，而骗子又摆出一副不耐烦的样子，更是给乘客造成了一定的心理压力，让大家产生了“不敢多问”的心理。

对此，心理学家表示，人们应该在日常生活中加强自身的思维逻辑能力，避免因受逻辑思维的干扰降低自身的警惕性。

此外，当我们判断出对方在说谎之后，也不要急着去拆穿谎言，因为这很可能会让骗子恼羞成怒，从而对我们造成伤害。我们要学会在了解到别人对我们说谎后如何稳定局势，不要打草惊蛇。

我们可以将计就计，假装不知道对方在说谎，让对方继续下去。然后，我们就可以从对方继续编造的谎言中分析出对方的心理，看透对方的动机和企图。在稳住了对方的情绪之后，我们还可以根据对方的谎言来编造有利于自己的谎言，从而让对方的思维跟着我们走，以便快速掌控局势。

识破别人的谎言并不难，难的是将计就计，以谎言相对。因为骗子在说谎的时候，他们的警惕心往往是非常高的。如果我们在这种时候附和得太过明显，或者圈套设计得不够高明，肯定会被对方察觉。

所以，当我们发现有人向我们说谎的时候，最好做出心存质疑，但又逐渐相信对方的样子，以打消对方的警惕心，最后再运用缜密的思维做好布局，将对方的谎言彻底击溃。

所有的口误都是潜意识的流露

美剧《老友记》中有这样一个情节：罗斯和第二任妻子艾米丽在教堂里举行婚礼，轮到罗斯宣誓时，他说："我，罗斯，将把瑞秋……"此话一出，在场的亲友顿时大惊失色。罗斯竟然把艾米丽的名字错说成他原来的恋人瑞秋，这也直接导致了罗斯第二次离婚。

口误在生活中是一种常见的现象，本意是指嘴巴不听使唤，说了言不由衷的话。当然，也有人在说错话之后，为了找回面子，会把一切赖到口误的头上。不过，无论是哪一种，口误都不是无来由的。

著名心理学家弗洛伊德说过："某些不想说的话，却说溜了嘴，就是典型的自我招供！"人的很多想法由于受到现实、情感等多方面条件约束，一般都处于被压抑的状态，有时被压抑久了甚至连他本人都不知道，这就成了"潜意识"。但"潜意识"毕竟也是想法，它总会通过各种曲折的方式表现出来，可能出现在梦中、无意识的行为中，例如口误。

罗斯之所以会说错名字，就是因为相对于艾米丽而言，他潜意识中更希望自己的伴侣是瑞秋，所以才会在誓词中出现口误。

伟祺去探望坐月子的同学，结果一不小心祸从口出了。当时，大家正围着胖嘟嘟的孩子看，气氛非常温馨。就在大家纷纷夸奖孩子长得好时，伟祺突然问了一句："宝贝的名字取了没？叫刘什么？"

顿时，现场鸦雀无声，面面相觑，场面好不尴尬。因为大家都知道，这位女同学的老公姓张，但在上大学的时候，她的男朋友却姓刘。后来因为她嫁给了别人，大家就再也没提过那件事。谁也没想到，这蒙了几层灰的窗户纸，却被伟祺的一句口误给戳穿了。

伟祺会说出这样的话，是因为她的潜意识在作怪——同学与前男友的事已经深深地印在了她的脑子里，所以在提到孩子的父亲时，她才会下意识地脱口而出。这也为我们敲响了警钟，那就是与人交流的时候，尤其是自己的心里比较激动的时候，说话之前一定要经过详细思量，千万不能出现嘴比脑子快的情况。

口误还具有其他意思，比如轻视和阴谋。下面，我们就来了解一下这两种情形。

轻视

比如在酒桌上，一个领导在面对下属时频繁出现口误，甚至还不小心揭露下属的"痛脚"，这就是他轻视下属的表现。因为轻视下属，他才觉得自己说的话不会产生多大的影响，索性把平时的很多看法借这个机会说出来。

阴谋

当一个人过于紧张，时刻将精力集中在如何算计对方上面时，难免就会在不经意间把自己真实的想法说出来。比如当年美苏两国处于军事敌对时，赫鲁晓夫在参观美国香肠生产车间的时候，忽然指着香肠生产线对身边的美国总统尼克松说："我们苏联正在以这种速度生产洲际导弹。"尼克松一听大惊失色，立刻向国会发表通告，要求增加军费，后来才发现这不过是赫鲁晓夫的一时口误。

虽然这只是赫鲁晓夫的口误，但这种口误并非没有来由。要知道，当时美苏两国正处于明争暗斗的阶段，而导弹在双方的争斗上是一个非常重要的环节，所以赫鲁晓夫会出现这样的口误也无可厚非。

现在，我们既然已经了解了口误产生的原因，就更应该注意如何从别人的口误中分析出信息了。毕竟口齿连心，所有的口误都是潜意识的流露。当我们身边再有人将自己说出的话说成是口误的时候，不要真的认为这就是对方的口误，最好仔细分析一下他的这些话是否有特别的意思。

WEI
BIAO QING
XIN LI XUE

第五章

瞬间的表现告诉你他是否值得深交

一个人值不值得交，吃一顿饭就知道

饭局是一个识人的重要场所。某集团的董事长许先生就认为，一个集团总经理要懂得带兵、带心，而一个人有没有这种特质完全可以从饭桌上观察出来。他和下属出去吃饭时，总是喜欢观察下属的吃饭行为。

许先生说："我会从细处观察一个人，因为人在吃饭的时候最不会伪装。"他还特意举例：如果8个人一起出去吃，刚好有一道只有8块肉的菜，这种情况下，如果有一个人只顾自己不管别人，那么在他看来，这个人即便能力再强，最多只能当副总，而不能当总经理，因为他没有分享精神。

善于在饭局中看人品的人很多，比如李嘉诚喜欢从选座位识人。在他看来，那些喜欢坐在领导身边的人过于积极，可能心术不正；而那些老是挑离领导最远位置的人，要么太胆小，要么心里有鬼，他也不看好。

所以说，一个人值不值得深交，我们先别忙着做判断，一起出去吃顿饭，对方的性格也就大概了解了。

早年，一位想和万科创始人王石合作的老板请他吃饭。王石应邀后，对方就向他介绍猴子如何如何聪明，人如果吃了猴脑，绝对大补。说完，那位老板就让人牵来一只猴子，然后他抡起铁锤就向猴子的脑袋砸去。一声惨叫后，猴子的脑袋被砸开了，那老板便拿起勺子开始掏猴子的脑汁吃。

看着这人如此残忍的行为，王石震惊了，他觉得这是个没有丝毫善心的人，并且认定与他合作是件极其危险的事，最后力排众议放弃与他合作。事实证明，王石是对的。后来，这位老板果然在与别人合作的时候卷款逃走了。

一个人的本性、素养等，都是非常内在的东西，是一个人的本质。而本质是可以通过人的外在表现出来的，所以我们可以从一个人在餐桌上的表现来观察他的内心。

每个人都有不同的饮食习惯。有的人挑味道，有的人挑食材，小到不吃葱、姜、蒜等辅料，大到不吃荤。英国心理学家艾萨克·特纳经过大量的观察研究发现，人的心理和饮食习惯有着密切的联系。尤其是一个人在饮食口味上所存在的不同特点，能够在很大程度上体现这个人的心理特征。

比如，那些喜欢偏甜食物的人，在一定程度上会显得健康和阳光，并且心态也显得年轻、有活力，具有温和、平易近人的性格特点。当然，这样的人也有较为软弱、保守等缺点，面对陌生人的时候可能会显得过于腼腆。

再比如，喜欢吃荤菜的人一般喜欢冒险和寻求刺激，会给人一种积极进取、活力四射的感觉；喜欢吃生一些的，像五分熟、七分熟这种食物的人内心有一种对原始的追求，并且充满英雄气概，但在遇到问题的时候，往往会悄然退缩；喜欢吃熟透食物的人温柔和善、心思细腻，并且具有较强的交际能力，但缺少持之以恒的精神；喜欢吃辣的人一般性格比较火爆，他们的内心比较难以捉摸，却是性情中人，值得信赖。

那些喜欢在吃饭时听音乐、看电视的人大多内心比较孤独，他们渴望被人关心，却又不喜欢与人聊天。一旦与之交心，他们就会成为非常真诚的朋友，但一旦决裂，也没有挽回的可能。

美国心理学家夏乌斯博士认为，饮食可以反映一个人的心理特点，而适当改变饮食习惯，可以改善我们的心理缺陷。他在自己的著作《饮食·犯罪》中提到这样一个故事：

一个名叫杰利的怪癖少年从小脾气暴躁，他在9岁的时候就曾进过少管所，11岁便因犯罪而被法庭传讯。

即便如此，杰利依然猖狂嚣张，对律法视而不见。他的父母为了他伤透了脑筋。后来，他们听从一位营养师的建议，在杰利的食物中加入一些糖，希望可以改变他的不良习惯。

就这样，杰利渐渐养成在吃饭时放糖的习惯。让人感到惊奇的是，一年之后，杰利待人接物明显变得温和起来，性格也逐渐变得开朗了。

饮食习惯真的有可能改变一个人的性格，而我们也可以通过饮食习惯来判断一个人的心理特征。

到处给名片的人有较强的自我表现欲

在现实生活中，交换名片是表明彼此身份的一种手段，更是在某些场合下不可或缺的行为。但有很多人在非工作场合，也总是动不动就掏出名片递给对方，比如旅途中刚认识不久的人、饭店里恰好比邻而坐的人、宾馆的前台招待等。

这些人为什么喜欢到处散发名片呢？根据心理学家的研究，一般这种人评价他人的时候，所注重的往往是对方的身体、地位或头衔。他们自己的名片上就常常堆砌着很多头衔。

其实，这是一种自我表现的形式。在他们看来，只有这样才能让别人更清楚地认识到自己是一个如何优秀的人。他们有野心，喜欢抬举自己，并且常常梦想着一夜暴富，但在交往中却又会表现得不大诚实，常常言行不一。

递接名片的方式也反映了一个人的品性。自己比对方先拿出名片是诚意的表现，而当我们递上名片，对方用双手接过也是一种尊敬的表示。但如果对方接过我们的名片，却没有把自己的名片递过来，则是一种无礼或者拒绝的表现。

有的人会抓出大把不经整理的名片，然后从中翻找自己的名片；有些人会若无其事地掏出一大堆别人的名片来，然后夸耀自己和这些人的关系是如何如何要好。这种人大多属于以自我为中心的类型，他们大多具有优秀的口才，活动能力强，能讨人喜欢。这种人精力比较充沛，有魄力，但过于注重外表。

经常以“名片用完了”之类的话表示歉意的人，多半对生活和事业缺乏长远的规划，并且为人较为轻率。

除了以上这些情况，名片的内容和样式同样可以反映一个人的个性和心理。

喜欢用粗大字体印名字的人，喜欢凸显自己

这种人一般具有较强的名利欲，总是喜欢不时地强调、凸显自己，以吸引他人的目光。这种人虽然有强烈的功利心，但在为人处世等方面却会表现得比较平和、亲切，具有绅士风度。他们很擅长运用一些手段来达到自己的目的，外表和内心经常会不一致。

喜欢在名片上附加住址和电话的人，有责任心

从心理学上讲，这种人大多具有较强的责任感，否则他们不会把自己的住址和电话印在名片上。与此相反的是，许多人为了逃避工作上的麻烦，会拒绝告诉别人自家的地址和电话。

喜欢在名片上印绰号和别名的人，比较叛逆

这种人一般都具有叛逆心理，做事也经常无法与其他人合拍。他们在为人处世方面一般都比较小心和谨慎，但有时也会显得有些神经质，以至于常常会无端地猜疑，并且在猜疑别人的同时，他们也会怀疑自己。这就使得他们很容易产生自卑感，并且在遇到挫折和困难的时候，缺乏足够的信心，总是想妥协退让。

喜欢用轻柔质感的材料制作名片的人，温和

这种人大多具有较强的审美观念，不太容易与人发生争执。在条件允许的情况下，他们会尽力去照顾对方的感受。他们的意志力比较薄弱，这常常会给他们带来一些麻烦。

喜欢在名片上加亮膜的人，虚荣心强

这种人外表上看起来热情、真诚和豪爽，与人相交也亲切和善。但这可能只是他们在人际交往中的一种惯用手段，事实上他们大多是虚荣心比较强的。

同时持有两种完全不同名片的人，精力充沛

这种人的精力往往非常充沛，同时具备一定的实力，经常需要应付不同领域的人和事。他们的思维和眼光较一般人要开阔一些，能够看得更远。他们的创造力很突出，往往会有一些惊人之举。

总之，在一张小小的名片中，蕴含着非常丰富的信息，如果我们能够掌握这种“阅读”对方名片的本领，那么在人际交往中也会走得更加顺畅。

敲门声有说道，不信你来听一听

在日常生活中，我们动作中的轻重缓急与自己的情绪和性格是息息相关的，所以，我们可以从一个人敲门的强度、节奏、时间等，了解对方的心理状况。

敲门的轻重

一般情况下，一个把门敲得极其响的人是比较自信的，具有强大的内心。如果一个人敲门的声音非常小，生怕吓着蚂蚁，则表明这个人有些过于谨慎，可能极度缺乏自信。这种人在人际交往中，一般也会显得比较消极和被动。

如果我们听到的是那种泰山压顶的敲门声，就可以推断出，敲门的人是一个办事比较负责并且讲究礼节的人。

如果我们听到敲门声显得干涩无力，表明对方可能正因为什么事情想不通，希望能够找人诉苦。

还有一种人，他们在敲门时喜欢用手掌把门擂得“乒乒乓乓”直响，有时甚至会“拳脚相加”。这样的人如果不是来打架或者寻仇的，就是自视甚高，喜欢居高临下，并且看不起屋主。

敲门的节奏

有节奏的敲门声会给人一种踏实的感觉，这也表明敲门的人比较斯文。那些在敲门时均匀地敲两三声的人，一般都具有良好的修养，在日常生活中也非常懂得自律和自我控制。此外，下属敲上司的门或者推销员敲屋主的门时，也会出现这种节奏的敲门声，显得尊敬，也显得有礼有节。

有些人在敲门时总是喜欢迟缓造作，这种敲门声会让人感到心烦。这种人大多都属于爱慕虚荣的人，在他敲门的动作中都可以看出一些造作的成分。但如果我们听到的是短促雷鸣的敲门声，就意味着敲门的是一个很急躁的人。

如果一个人的敲门声显得比较缓慢，敲两声就停下，那敲门的人可能正处于比较疲惫或沮丧的状态。

还有一种人，敲门都能敲出花样来，比如在敲门时带着欢快的“鼓点”，这种人大多属于乐天派，性格比较开朗。

敲门的时间

有些人在敲门时如果遇到屋主不应答的时候，会坚持敲很久。这种人的意志力一般都比较强，做事百折不挠，但在性格上可能会偏于固执，不善变通。

有些人喜欢敲两下，停一阵儿再敲一阵儿，这种敲门者一般都具有比较缜密的心思，他们善于考虑外在环境中的各种条件，但也可能会因为思虑太多而无法做出决断。

总之，敲门的声音和敲门的方式都在向我们传递着令人信服的心理信息，所以在人际交往中，除了要注意别人的面部和肢体信息之外，也不要忽略了他们敲门的行为。

打电话时不断移动的人喜欢自由

打电话在当今社会中是最频繁的社交活动，人们可以通过打电话来传递自己的情感，处理各种各样的问题。作为现代生活中一种不可或缺的沟通方式，它被人们反复运用，于是人们都慢慢就养成了自己独特的打电话的习惯。而从这些习惯中，我们能够看出一个人的性格。

心理学家研究发现，习惯在打电话时不断移动身体位置的人，属于不愿意被约束和支配的类型。这种人一般都有着强烈的自由欲，喜欢按照自己的方式来安排一切，同时也喜欢发号施令；他们还非常喜欢猎奇，会迷恋于各种发现和创造，讨厌一成不变。与这种人相处的时候，一定要不断寻找那些能令他们感到新奇的话题，否则他们很可能因为感到厌烦而离开。

除了移动身体之外，人们在打电话时还有各种不同的姿势，下面我们就选几种来分析一下。

半躺在沙发或躺在床上打电话

打电话时喜欢舒舒服服半躺在沙发上或直接躺在床上的人，一般都乐于享受生活，也没有什么身心负担。这种悠闲的打电话的姿势，能够体现出一个人性格中有更多的沉稳因素。他们遇到问题时会表现得比较镇定，而在处理事情时会比较有条理。

用肩膀夹住电话

打电话时喜欢把电话用肩膀夹住的人，大多生性谨慎，并且比较自负。这种人对任何事情都会先经过周详的考虑才做出决定。也正因为这种处处小心的行事作风，他们才会在工作和生活中极少犯错。他们为人处世比较圆滑，性格中世故的成分也可能会多一点儿。

喜欢抓紧话筒下端

有的人在打电话时喜欢抓紧下端的话筒，这样的人大多会表现出外圆内方的性格。他们表面上看起来怯懦温和，但内在却可能十分坚毅。这种人一旦下定决心，便不容易做出改变。

打电话时手上小动作不断

有的人在打电话时总是做一些小动作，比如打有线电话时绕电话线，打无线电话时摆弄衣角、项链等东西。一般这种人的个性中会存在很多豁达的成分，也有可能会有些玩世不恭。他们可能是无忧无虑的乐天派，也可能属于本性非常单纯的人。

另外，这种行为大多出现在女性身上，她们多半比较敏感，喜欢幻想，多愁善感，并且性格比较倔强。与这种人相处，最好小心一些，因为说不定什么事情就会令她们感到不爽。

边打电话边在纸上乱涂

打电话时喜欢在纸上乱涂乱画的人具有这几种特点：第一，他们表面上在乱涂乱画，实际上是在通过这种方式使自己放松，以便更好地与对方沟通；第二，纸上的涂画包含着这通电话的内容，能够让自己的思维更加流畅；第三，这种行为是心情放松和乐观的体现，也表现出他们天生的艺术气质和才能。

其实，单纯地画些图形并不能说明什么问题。如果一个人在打电话的时候，他主要的精力都用在与对方的交流上，而下意识地进行涂画，那么这些涂画才是这个人情绪和心理的真实反映。

多观察一下周围的人在接打电话时都画些什么，将对于我们了解他人心理和情绪有很大的帮助。

打电话时保持一个姿势不变

在打电话时一动不动保持一个姿势的人，大多喜欢讲究规则，他们凡事喜欢按照规则来办，并且喜欢永远保持一种生活状态。

不同的人在打电话时会做出不同的小动作，虽然这些小动作通常都是无意的，但往往能反映一个人的性格特点和心理状态。

举起手打招呼的人性格率真

在人际交往中，打招呼是再普通不过的事，但从心理学的角度讲，从简单的打招呼，尤其是从一个人招呼另一个人时做出的肢体动作，很容易就能看出这个人的性格特点和心理状态。

美国心理学家威特金发现，那些习惯举起手打招呼的人，在性格上也会显得率真。他们在为人处世方面会更热情、真诚、乐于交际，而且这种人的适应能力一般都比较强，很容易和周围的人打成一片。

这种习惯举起手打招呼的人是因为不满足于语言上的交流，才会顺应自己的内心做出一些肢体上的动作。比如，他们向对方说“你好”或“拜拜”的时候，会习惯性地朝对方挥一挥手臂，顺便扬起自己的笑容，甚至还会直接碰触对方的手或肩膀。

这种人虽然乍一看会让人觉得比较失礼，但在他们的性格中却具有大半活泼开朗的成分，并且内心里有着强烈与人接触的意愿。他们之所以会碰触对方的手或肩，不过是希望能和这个人的关系更近、更亲密一些。

此外，还有几种打招呼的行为需要引起我们的注意。

打招呼时眼睛直视对方

在打招呼时双眼直视对方的人一般都具有较强的自我意识，并且心里充满戒备。与人相处时，他们往往会进行试探和攻击。想要和这种人成为至交，需要花费一定的时间和精力。

那种眼睛不看对方的人，则是因为他们不够自信，并且打心眼儿里不愿意和陌生人交往。所以，在见面之前，他们一般都会考虑到所有可能遇到的困难。

初次见面的人相互握手

初次见面或相互不熟悉的人大多都会采用握手来打招呼，这是一种基本礼节。美国心理学家布罗德本特认为，握手可以分为积极的握手和消极的握手两种。

一般情况下，多年未见的亲朋好友突然见面了，为了表达激动之情，往往会伸出自己的双手去紧紧握住对方的手，接着也许会相互拥抱。这就是典型的带有积极意义的握手行为。

消极的握手又分为主动和被动两种。其中，主动的消极握手行为，表明一个人比较虚伪，并且善于伪装自己。这种人大多能屈能伸、处事圆滑，永远都知道在什么场合、面对什么样的人需要如何应付。此外，这种人还可能有多疑的性格，他们不会轻易相信别人，即便对方对他们再真诚，他们也会在心中提防着对方。

被动的消极握手，则表明一个人只是把握手当作一种礼貌的表现方式。这类人性格大多偏于内向，做事缺少判断力，且不够果断。

稍稍点一下下颌

有些人喜欢通过稍稍点一下自己的下颌来和别人打招呼，从心理学上讲，这种人大多很有心机，并且为人比较自私，有时会喜欢封闭自己。除此之外，他们往往好恶分明，从不会勉强自己去配合别人，会给人一种很不好相处的感觉。同时，他们还具有性子急、脾气暴等性格特点，心里总是存有许多不满。

以鞠躬的方式打招呼

以鞠躬的方式打招呼的人，性格大多比较保守。他们属于社交场合的老好人，从不说三道四，也不会做让别人感到厌烦的事情。事实上，他们看起来虽然彬彬有礼，但性格中却具有非常孤僻的一面，并且非常敏感。与这种人相处，最好表现得坦诚一些。

打招呼是一门非常重要的学问，它能够体现一个人的修养和素质。通过观察对方打招呼的方式，我们可以看透对方的心思，进而洞察对方的心理活动。

阅读时烦躁不安的人没有耐心

在心理学上，阅读被看成是一种视觉诱导的心理活动过程，它需要由眼睛和大脑来共同完成。美国学者格雷曾指出，一个人的阅读习惯与他的性格，尤其是与他的内心世界，有着非常重要的联系；它能够在一个人的眼中呈现出一种隐藏的动机或欲望，并且可以在一定程度上表现出一个人的性格特征。

比如说，有的人在阅读时不断地更换书籍，或者在看一本书时频繁地前后翻页，如果有人在身边，他们就无法安心阅读。在心理学上，这种阅读习惯被称为“起伏阅读”，它所表现出来的是非常不稳定的心理状态。

心理学家通过实验证明，在阅读时表现得烦躁不安的人，大多心胸狭窄，承受力薄弱，但他们却具备十分强烈的独立性，不会随波逐流。另外，他们从不会盲目地浪费时间以及身边的资源。

英国一位极具才华的学者曾到一个小镇上做客，因为被当地人的热情和快乐感染，他在那里写下了许多美丽的诗篇。就在他准备回伦敦的时候，当地一名年轻人提出要请他喝咖啡，地点就在不远处的小咖啡厅。

学者答应了年轻人的请求，并在约定时间到达咖啡厅。刚进门，学者就看到坐在角落里的年轻人正捧着本书读。他发现，对方很急躁地翻着书，还换了几本不同的书频繁地翻着。

睿智的学者发现了年轻人这种焦虑不安的情绪后，直接转身离开了咖啡厅。后来，学者专门托人给那名年轻人带去一封信，上面写明了自己当时的所见所闻，并且指出年轻人的缺点和不足。最后，他还给了年轻人一句劝告：“阅读是一件安静的事。”

这位学者就是19世纪初期著名的浪漫主义诗人乔治·戈登·拜伦。

因为自己烦躁不安的阅读习惯，那名年轻人失去了和拜伦单独见面的机会。不得不说，阅读习惯在人际交往中，确实起着非常重要的作用。在日常生活中，每个人在阅读时都会表现出不同的习惯，而这些习惯反映了不同的心理状态和性格特点。下面，我们来看看几种常见的阅读习惯，解读一下它们所反映出的心理和性格特点。

聚精会神的阅读习惯

在阅读时能够保持精神高度集中的人，一般做事比较认真，并且不管做什么事情，都能够全身心地投入进去。这种人在情感上会表现得非常细腻，他们内心虽然感性，却又不缺乏理性，遇事也不易冲动，会表现出沉稳老练、睿智果断的一面。

“忙里偷闲”的阅读习惯

这种阅读习惯的一般表现：一边看电视或吃东西、喝咖啡等，一边进行阅读。具有这种阅读习惯的人，一般在性格上也会具有波动和弹性的特点，内心比较难以捉摸。但这种人却能够轻易适应各种环境，并且他们喜欢挑战，具有冒险精神。他们喜欢尝试大胆的风格，即便在遇到困难或危险的情况下，他们也能挑起重担，甚至扭转不利局面。

半躺或躺着的阅读习惯

有些人在阅读时容易犯困，所以他们会选择半躺或躺着。这种人的内心大多比较乐观，并且性格也比较随和。他们有着丰富的内心世界，即便表面上看起来十分平凡、安逸，但在遇到困难的时候却总能坦然面对，并且能够乐观地解决问题。

除此之外，阅读不同种类出版物的习惯，同样可以帮助我们了解一个人的个性特点。

比如，喜欢阅读传记的人会显得深思熟虑，他们既野心勃勃，又脚踏实地；喜欢浪漫言情小说的人大多感情丰富，洞察力强，他们对直觉深信不疑，并且对生活充满信心；喜欢侦探推理类书籍的人往往勇于接受思想上的挑战，他们具有强烈的逻辑思维能力，善于解决各种难题；喜欢流行时尚杂志的人非常在意自己的外貌和着装，比较爱面子；喜欢科幻类书籍的人思维发达、想象力丰富，而且富有创造力；喜欢阅读报纸和新闻性刊物的人意志坚定，他们大多思维敏捷，善于接受各类思想。

WEI
BIAO QING
XIN LI XUE

第六章

恋爱的小动作里，藏着对方不告诉你的秘密

暗恋你的人啥时候向你表明心意

说起2016年高颜值高人气的影视“CP（情侣档或者叫配对）”，很多人应该都能想到杨洋和郑爽这一对，他们在电视剧《微微一笑很倾城》里，凭借着“倾城夫妇”的“CP”擦出火花。

当然，粉丝们干着急并没有用，主要还得看两个当事人怎么想。不过经过微表情专家的分析，竟然有了意外的收获。专家表示，从杨洋和郑爽在一起的表情可以看出，杨洋是真的喜欢郑爽。因为当两个人站在一起的时候，杨洋看郑爽的眼神非常温柔。微表情专家说，像这种眼睛里仿佛有小星星的眼神，只有遇到自己喜欢的人才会出现。而且，杨洋有时候会在郑爽面前表现出讨厌她的样子，还会说一些刁钻的话语，但在心理专家看来，这正是喜欢对方的表现。

现在，我们就来具体分析一下，那个正在偷偷喜欢你的人会有哪些表现。

向旁人打听你

如果一个人总是到处向旁人打听有关你的一切，当有人不经意提起你的时候，他必定找借口过去旁听，那么就可以确定这个人在偷偷喜欢你。因为对方与你还不太熟悉，所以才会千方百计地打探你的消息。当然，也有可能对方只是一个胆小的暗恋者，会因为听到你的名字而感到心满意足。

总是和你“有缘”

在上下班的路上，你总会与对方偶遇，走到哪儿都能发现对方的踪影。他还会经常对你说“好有缘，我也喜欢这个牌子的衣服”“好有缘，我也喜欢到那家餐厅吃饭”“好有缘，我也搭这趟车”之类的话，让你觉得他的喜好和生活习惯与你相似。

“偶遇”和“有缘”历来都是追求异性惯用的伎俩，并且屡试不爽。所以，那个喜欢你的人对你出这一招并不奇怪。他言语间的那些话是在表明他与你有许多共同点，告诉你：“我们真是天生的一对。”

故作深沉

与你在一起的时候，他总会心事重重，又或者他只要一有机会就向你诉说自己的深情往事，并且越说越感慨。他喜欢故作深沉、扮沧桑来吸引你，一旦你为他伤心动容，他就会对你采取进一步的追求行动。当然，也有可能对方只是单纯地想找人倾诉自己的心事，所以你在面对这种人的时候，最好先不要自作多情。

在你面前耍酷

当一个人故意在你面前扮酷，有时候对你不理不睬，却在你面前和其他异性玩得很开心，表示这个人没胆量向你表白，所以故意做这些小动作，希望能引起你的注意。如果你想试探他的真实心迹，不妨在他面前与别的异性愉快交谈，看他会有什么反应。

刻意打扮自己

如果一个人平时穿得很随便，但每次和你在一起的时候，都会精心打扮，不要觉得奇怪。都说“女为悦己者容”，其实男人女人都一样。

总的来说，当一个人暗恋另一个人的时候，他可以爱得发疯发狂，也可以爱得如痴如醉。当我们发现那个在偷偷喜欢自己的人时，如果刚好对他也有感觉，不妨猜测一下他什么时候才会向你表白。

对方高不高兴，听听脚步声就知道

英国心理学家莫里斯研究发现，人体中离大脑越远的部位，就越难说谎。因此，作为我们行为模式心灵之窗的“脚语”，就成为一种最诚实的肢体语言。一个人的脚步声或轻或重，或缓或急，都与我们的性格和情绪息息相关。恋人之间也可以通过脚步声来判断对方的心情或情绪状态。

办公室的小莉前段时间恋爱了，当同事问起她恋爱的感觉时，她甜蜜地说：“当我走向他的时候，他总能听出我的脚步声，并且，他每次都能从我的脚步声中听出我当时高不高兴。真的很神奇！”

每个人的脚步声都具有鲜明的特点，而我们可以从这些不同的脚步声中读出不同的内心世界。比如，那种听起来很乱并且急促的脚步声，表示这个人一定遇到了需要紧急处理的麻烦事；那种很沉重并且频率较低的脚步声，表示这个人刚处理完一件重大的事情，现在正处于放松的状态；如果是声音很大的脚步声，则表示这个人想要引起别人的注意，也有可能是遇到难题，希望别人能给予一定的帮助。

总之，“诚实”的脚步声就好像是舞场上的旋律一样，可以为我们的情绪打拍子。除此之外，我们还可以从一个人的脚步声中看出他的性格特征和心理状态。

脚步沉重的人

这种人往往很自信，他们行事稳健，思维也比较缜密，但对外界不太敏感。这样的人往往能够顾全大局，看准一个目标后就会勇往直前，很难被旁人所左右，却具有固执的缺点。

脚步急的人

这样的人大多性格急躁、做事果断，他们能够充分利用生命的每一分钟，并且对生活和工作都充满积极的态度。也正是由于这种风风火火的性格，他们容易出现做事不够认真、急于求成等情况。

脚步有规律、不紧不慢的人

这种脚步声除了表示这个人当时的心情比较平和愉快之外，还可能代表这是一个做事有计划、有条理的人，具有“任凭风浪起，稳坐钓鱼台”的自信。

脚步很轻但频率快的人

这样的人大多属于急性子，办事效率很高。一般情况下，他们的心思比较缜密，做事也颇有章法，并且非常注意自己的仪表。但与人交往时，他们显得不够真诚，属于比较有心机的一类人。

脚步轻且缓慢的人

这种人一般在性格上比较懦弱，缺少应有的积极性和自信心，很多时候他们都没有一个明确的目标。

脚步很轻却没有节奏感的人

这样的人一般很有耐心，但不擅长交际，并且从不愿意让别人知道或看出自己遇到了麻烦事，总是一个人默默地承受。

另外，步伐的大小也可以反映出一个人的性格特点。比如，一个人明明个子很高，却喜欢走“莲花碎步”，这样的人通常感情比较细腻，对人对己都有比较高的要求，并且很容易受情绪困扰，有时候做事会显得犹豫不决。有的人不论高矮都喜欢阔步走，这种人一般属于大大咧咧的类型，为人豁达，拿得起放得下，性格上不拘小节。

抱一抱就知道他爱你有多深

在恋爱过程中，很多女人都表示不知道男人的心里在想些什么。其实，想要窥探对方的心很容易，只要在和对方拥抱的时候，注意一下他的拥抱方式就知道了。下面，我们就来看看拥抱方式所暴露的心理真相。

前胸贴后背式

电影里出现的那种前胸贴后背的拥抱方式，通常表示男方在向恋人表达“我爱你”的意思。

后背是我们的防卫盲点，如果恋人趁我们不注意的时候，从后面搂住我们的腰，紧紧地与我们拥抱。这除了是在向我们表达足够的信任之外，也是在表示，他愿意露出自己的盲点，只为了保护我们。所以，这个姿势带有“我爱你，我想要保护你”的意思。

但我们还是要注意一点，如果他长期都用这种拥抱姿势，却很少使用面对面的拥抱方式，就表示他很爱你，却没有办法与你真心交流。这就意味着对方可能有心理上的障碍，或者对方没有办法确定你对他的感情。

一手上一手下式

这是一种很常见的拥抱方式，我们与朋友拥抱时往往会如此。所以，当对方像这样拥抱我们时，就表示他只是把我们当成好朋友，或者是在向我们表达“我们就当朋友吧”的意思。

如果对方在拥抱我们时，还在我们的上背处拍几下，就表示对方只是把我们视为好哥们儿。一般男人之间，朋友性质的拥抱都会有拍打上背的动作。当然，也可能是他为了缓解我们的紧张情绪，鼓励地在我们的上背拍几下。像这种鼓励式的拍击，是对方向我们表达支持的一种方式。

双手绕腰式

第一次约会结束要说再见时，我们不太确定对方到底喜不喜欢自己，可对方却上前一步，并用双手环绕着我们的腰，把我们紧紧地抱住。这时，你就不用再怀疑了，他真的很喜欢你，在向你表达“我想再见到你”的意思。所以，在分别的时候，不要忘了给对方一个微笑，跟他说“很期待下次再一起出去”。

单手绕肩式

在约会结束准备说再见时，对方用单手环绕过我们的肩膀，并用手轻轻地捏着我们的肩头。一般情况下，这种姿势有两种含义：

第一，如果对方是个很害羞或是不习惯肢体接触的人，那就表示对方喜欢你，但因为自身的性格原因，不太习惯这种接触方式。要是这种纯纯的、淡淡的爱情刚好是你所想期待的，那就再好不过了。

第二，如果对方是既不害羞又习惯于肢体接触的人，那就意味着他并没有那么喜欢我们，以至于连个好好的拥抱都不愿意给。

双手绕肩式

对方把自己的两只手都环绕在我们的肩颈处，紧紧地把我们抱住，那是在向我们表达“我现在需要安慰”的意思。这时候，最好不要多问什么，我们只要抱住他、安慰他就好了。

当然，在我们安慰对方的时候，我们也可以从他双手的动作中了解他给我们的定位。如果他只是紧紧地拥抱我们，表示他只是把我们视为普通朋友；如果他的手会上下轻抚我们的背，那就表示他对我们的感情更深厚一些。

总之，想要了解一个人是不是真的爱着我们，只须解读他的拥抱方式。因为发生身体碰触的时候，人们就会不自觉地启动收发情绪信号的机制。有心理学家发现，人们能够通过肢体接触传递快乐、爱意、兴奋、狂喜、感激等8种完全不同的情绪，而令人吃惊的是，这些情绪被正确解读的概率高达78%。

也就是说，肢体接触并不是为了简单地强化交流，它本身就是一种更为巧妙而精确的沟通方式。所以，当我们想传递什么信号给别人时，身体上的触碰，尤其是拥抱，无疑是最便捷有效的办法。

约会时抢先坐左边的男人

人们常说“男左女右”，现实生活中很多人都会不自觉地遵守这一规则。比如，恋爱中的情侣，多数时候都是男人慷慨地走或坐在左边，而女人则依偎在他的右边。到了结婚的时候，无论是结婚照，还是夫妻出现在某些社交场合，大多也都是男左女右。这种位置安排一旦发生颠倒，很多人就会感到奇怪。

可可最近交到一个男朋友，相貌英俊、温柔体贴，对她更是无微不至，这让可可每天都沉浸在幸福当中。

男朋友对她这么好，她自然也会对男朋友更加关心。只要在他身边，她的目光就没有从他身上离开过。渐渐地，可可发现了一个奇怪的现象：无论是在走路、坐着聊天，还是一起看电影的时候，男朋友都在她左边的位置上，从没有例外。有时候可可会故意地抢在男朋友之前待在左边，但没过多久，两个人的位置一定又会调换过来。

对于这种情况，可可曾试着问过男朋友，但对方并不知道为何发生这样的事情。

这个现象是真实存在的，并且绝不仅仅出现在可可一个人的身边。那么，到底为什么会出现这种现象呢？

行为学家研究发现，人们一般认为人的脸是从中轴线开始对称分布的，但一个正常人的左右脸，在有些情况下，会做出截然不同的表情。

一个人处于无意识状态时，通常左右脸的表情是一致的，例如喜悦、快乐、恐惧、愤怒、悲伤。这些发自内心的情绪，让处在这种情绪下的人很难做到对面部表情的控制。此外，人们在打喷嚏、打哈欠、咳嗽时，左右脸也都是对称一致的。

然而，当一个人对自己的情绪和情感进行有意识的控制时，他的脸就会出现左右不同的情况。比如，当一个人不小心出丑时，他的左脸会反映出尴尬，而右脸则会故作镇定，起码不会有左脸那么大的变化。

再比如，当一个人鄙视别人的时候，他的左脸会表现出鄙视，但他的右脸却会装出另一副表情来，起码不会有明显的鄙视挂在上面。

另外，当一个人对某事表示轻蔑、无奈、惋惜、悔恨等的时候，也会出现左右脸不同的现象。

通过上面的分析，我们就能明白可可的男朋友为什么会抢着待在她的左边了——他想把自己的右脸展示给可可看，而人的右脸更不容易表露出自己真正的情绪，从而能够保持住自己一贯的形象。

当然，可可的男朋友可能并不是故意这样做，他之所以会抢在左边的位置，其实更多是下意识做出的动作。那么，这又是出于什么原因呢?

行为学家经过一系列的观察研究发现，当一个人对另一个人抱有好感时，他的潜意识里就会有一种把自己最好的一面展现给对方，将自己不好的一面隐藏起来的想法，这些想法会促使他做出一些下意识的举动。像这种抢在对方的左边行为，就是受到这种意识影响的结果。

现在我们就可以知道，当男朋友和我们在一起总是喜欢抢占我们的左边时，无论他是否有意，我们都可以认定他对我们是有好感的。而当一个人总是喜欢待在我们的右边时，那么除非他的性情比较随和，神经比较“大条”，对待感情不是太敏感，否则我们就基本可以断定他对我们没什么特殊的想法。

喜欢挽着男友胳膊的女孩

在熙熙攘攘的人群中，总能看到一些女人面带笑容地挽着男人的胳膊。在很多人看来，女人挽着男人的胳膊是很正常的行为，但行为心理学家凯恩·米特却说：“现实中，男人和女人不仅仅存在性别的差异，在肢体语言方面也存在不同，而这从女人挽着男人的胳膊的动作中就可以看出来。”

乔明通过别人介绍认识了一个女孩儿，女孩儿各方面的条件都挺好，对乔明也非常满意，于是俩人很快确定了恋爱关系。

热恋中的乔明每天都和女朋友腻在一起，觉得无比幸福。但有件小事却经常让乔明感到困扰，那就是，无论在什么地方，女朋友总是喜欢挽着他的胳膊。

乔明走路的时候喜欢挥动手臂，如今被女朋友挽住了，觉得非常不舒服。有几次，乔明小心地把手臂抽出来，但过不了几分钟，女朋友又会把他的胳膊挽起来。

虽然这并不是什么大问题，即便让乔明改变自己的习惯也没什么，但他就是觉得纳闷，为什么女孩儿都喜欢挽着男友的胳膊呢？

大街上走过的情侣，十个女孩儿里有九个都和乔明的女朋友一样，喜欢挽着自己男朋友的胳膊。只要看见一男一女迎面走来，而他们的胳膊又挽在一起，我们就几乎可以断定，他们是情侣或者夫妻。

为什么女孩儿喜欢挽男友的胳膊呢？心理学家表示，这主要是因为女性的特殊情绪。女性相对于男性来说，在很多方面都处于劣势，因此在心理上会有一种需要他人保护、依赖他人的情绪。这种情绪会导致她们出现很多下意识的行为，比如挽着男友的胳膊。

每个人在心理上都有一种对“安全范围”的感觉，也就是每个人都会自我为中心，向四周蔓延，形成一个“心理防御阵地”，在这个“阵地”里，我们会觉得自己是安全的。一旦有人闯入“阵地”，我们的心里就会发生预警，觉得自己的安全受到了威胁，进而进行反抗。

一般情况下，越是彼此不熟悉的人，双方的心理距离就越大，从而导致身体之间的距离也会被拉大。但如果是彼此熟悉的人在一起，这种心理上的距离就会大大缩小，比如夫妻之间、父母与子女之间等。因此，当一个女孩儿在走路时，愿意亲密地挽着男友的胳膊或者碰触他的身体，就说明她并不在乎男友侵入自己的“安全范围”，两个人也就不存在心理上的距离了。

所以说，无论出于什么原因，一个女孩儿愿意把自己的手臂挽在一个男人的胳膊上，本身就说明了她对对方的爱意。当一个还没有确定恋爱关系的女孩儿对你有这种举动的时候，你切不可不解风情地甩开手或者故作不知，要理解她这种行为背后的含义。如果你也喜欢她，就顺势把两个人的关系确定下来吧。

当然，还有些男人并不是不解风情，而是想得太多了。他们会把女孩儿的这种行为看成一种带有特殊含义的表达。于是，当女孩儿身体紧贴着他的时候，他们便心花怒放，误以为对方有肉体上的欲望，结果往往会造成尴尬。要知道，女孩儿挽着男朋友的手臂，更多是来自于精神上和心理上的亲近感，所以请你不要想入非非了。

女孩儿挽着男朋友的手臂，作小鸟依人状紧贴在男朋友的身侧，这是一种非常亲密的行为。不过也并不是所有女孩儿都喜欢这样，有些女孩儿非但不喜欢挽着男朋友的手臂，反而喜欢让男朋友挽着自己，或者做一些勾肩搭背的动作。

一般来说，这样的女孩儿多是性格中男性化的成分偏多，平时处事大大咧咧，完全没有女性的含蓄。她们不喜欢依靠男人，反而喜欢掌握男人，是典型的女强人类型。如果你是一个大男子主义者，那最好不要和这类女孩儿成为情侣哦。

约会时，他的笑骗不了你

心理学认为，一个人笑的方式能够体现他的性格特征。所以，那些渴望爱情的女孩们在与心仪的男生约会时，可以特别留意一下对方的笑容。他的笑容很多时候是他内心世界的真实反映。

彬彬有礼的笑

周末时，安心在家人的安排下，和一位他们口中的“成功人士”见面。地点是男方定的，在一家比较高档的餐厅。刚一见面，安心就因为对方脸上迷人的笑容而走神了。整个过程中，对方的脸上一直挂着彬彬有礼的笑容。安心感到十分满意，心里不由得一阵欢喜。

回家后，安心把两人见面的经过原原本本向家人叙述了一遍，哪怕是对方脸上始终挂着的微笑也没放过。听到这话，家里人纷纷为安心感到高兴，但有过恋爱经验的表姐则不以为然，还说安心太想当然了，因为想要成为这种男人的“特别存在”真的太难了。

表姐的话让安心很不高兴，但事后的结果真如表姐所言，那个男人对安心的态度并未有任何改变，即便安心向他主动献了几次殷勤，得到的也是一些不冷不热的回复。安心失望极了。

在约会时，有的男人一出场脸上就始终挂着迷死人不偿命的微笑。他们看起来极具亲和力，并且很有风度。女孩第一眼看到他们就会有怦然心动的感觉，认为他们就是自己心目中的Mr. Right。

可事实上，对方之所以会彬彬有礼地微笑，是因为他想把自己严严实实地包裹起来，他的微笑只是一种有礼貌的表现。这样的男人表面看像是与我们很亲近，实际上他的心离我们很远很远。这样的男人大多比较敏感，他们害怕受到伤害，也害怕伤害到他人，所以才极力掩饰自己的真正想法与感受。因此，女孩们，千万别被对方迷人的微笑冲昏了头。

与这样的男人相处时，不要立刻就误以为他对我们有好感。我们最好先让自己冷静下来，并表现出自己温柔、亲切的一面，让他慢慢放松，从而卸去心灵上的层层伪装，逐渐向我们袒露心声。

热力四射的笑

有的男人就像太阳一般，热情如火，带着灿烂的笑容，每一个动作都极优雅大方。在与女孩初次见面时，他就能够表现出自己极为洒脱的一面。比如，他们的言语风趣幽默，而且滔滔不绝，让我们在不知不觉间就被他们的情绪感染。

像这种一见面就表现出自己如此热情的男人，之所以总想和我们套近乎，无疑是因为他对我们产生了浓烈的兴趣，于是便极力向我们表现他的魅力，并借着自己的表情、语言、动作等，来表达自己的情感，希望能引起我们的注意，赢得我们的芳心。

这样的男人大多很容易相处，他们懂情趣，且很有感染力，很容易打动女孩的心。但是，他们在情浓时会很快投入一段感情，在情淡时也会很快抽身离开。如果我们被他深深吸引，那就需要随时保持警惕，让双方的爱情时刻保鲜。只有这样，我们才能抓住对方的心。

此外，还有些男人比较喜欢捂着嘴笑，这样的人大多性格比较腼腆，他们在人前可能会显得比较拘谨，不太愿意轻易表露自己。与这样的男人相处，需要我们有一定的耐心，不要觉得他对我们不重视，其实他只是不知道该如何表达而已。

眼神在游移，必定有问题

眼睛是心灵的窗户，心灵为眼神提供源泉，眼神是人无法掩盖的情感焦点。因此，女人与男人谈话的时候，男人的内心世界会处于一个怎样的状态，都会从他的眼睛中传达出来。

通常在相亲时，男女双方会不断地询问彼此各方面的问题，来确定两个人是不是有发展的必要。想要知道对面的男人对自己有没有意思时，可以从他的眼神以及他的肢体语言上来判断。

如果说他说话总是闪烁其词，眼神黯淡无光，总是飘忽不定地看向别处，不是看门的方向就是看表，就说明这个男人对我们没有任何的兴趣，甚至想要马上离开。这时，已经知情的我们就没有必要跟他在这里浪费时间了。

夫妻之间的沟通，更能突显“心有灵犀一点通”的神奇之处，比如丈夫偶尔的一个眼神，做妻子的便能心领神会。

蓉蓉做好饭菜等老公回来，左等右等都不见人影，直到凌晨两点，她的老公才带着一身酒气回到家中。

蓉蓉问他去哪里喝酒了，为什么不回来也不打个电话。他像往常一样，温柔地对蓉蓉说他去应酬老客户，结果喝酒喝多了。但他眼神闪烁，从头到尾都没敢看她的眼睛。蓉蓉知道，老公对她撒谎了……

当女人发现男人不敢直视自己的眼睛，说话总是遮遮掩掩的时候，就意味着这个男人在说谎，或者是因为他对我们正在谈论的这个话题一点兴趣也没有。

一般情况下，理直气壮地去拆穿男人的谎言，是愚蠢的女人才会犯的错误。尤其是当女人通过眼神的交流知道眼前的男人在撒谎时，质问、争吵都是非常不明智的。男人撒谎一定有原因，与其在不知晓原因的情况下火冒三丈，不如平心静气地问清楚。

一般来说，男人撒谎不外乎两个原因：第一，怕我们误会，间接伤害到我们；第二，说出真相会伤害到我们，进而会影响两个人的关系。所以，聪明的女人在发现问题后，会选择更多地关心理解对方，并用自己的温柔融化男人，让他们自愿说出隐藏在心里的秘密。

这些蛛丝马迹证明他背叛了你

面对男人的背叛，有的女人依靠超强的第六感，可以瞬间化身福尔摩斯，发现对方变心的证据；但也有很多女人，在男人已经背叛她们很久之后依然无法察觉。相信没有女人愿意面对一个已经变心的男人，那么我们要如何证明他真的选择了背叛呢？

好丈夫的表现都差不多，但坏丈夫的背叛方式却各有千秋。当一个男人开始背叛的时候，为了不让自己出轨的事情败露，他会拼命地掩饰再掩饰，撒谎再撒谎。但无论他做得怎样天衣无缝，他的言行举止里总会露出一些蛛丝马迹。现在，就让我们用放大镜来看一看男人变心时都有哪些典型举动吧。

突然变得喜欢打扮

但凡男人突然改变自己的穿衣风格，我们就要小心了。比如，他脱掉了自己的西装衬衫，开始换上牛仔T恤；把以前从不接触的颜色甚至是卡通人物等，都装饰到自己的身上，这可能意味着他的身边出现了年轻的女孩。

或者一向拒绝香水的他，抽屉里突然多出一瓶名贵香水，这也许就意味着，在他新认识的女孩中，有一位的抽屉里也有同样一瓶香水。又或者，明明喜欢蓝调的他，却一连好几天都在哼唱刘德华的《男朋友》，这可能就表示，一名喜欢华仔的女孩出现在了他的身边。

最近经常说“我很忙”

男人“很忙”的可能有许多，他可能是在为了让我们生活得更好、更舒适而去努力工作，争取赚更多的钱。但如果从坏的一面来解释，那就意味着他可能已经对你失去了兴趣，丧失了热情。这种时候，加班、出差等就成了他最有力的借口。

所以，如果你的他最近总说要加班，要不就出差，在家里的时间越来越少，陪你的时间更是屈指可数，那很有可能并不代表他成为“工作狂”，而是意味着对方可能正在准备和你说“我们结束吧”。

通话或短信记录常为空

一般来说，正常使用的手机在通话记录栏或短信栏内都会是满格记录。如果我们发现他的通话记录或短信经常出现记录不完整的情况，我们就可以大胆猜测：他是不是在回家以前对这些信息进行了删除。因为只有删除才会出现这种记录不完整的情况，目的就是为了使自己的手机中不留下其他女人的信息。

或者他在回家后，总小心翼翼地把手机放在身边，当信息提示音响起的时候，他会第一时间拿起来独自察看，并且回复消息也是悄然进行；电话铃声响起，他没有像以前一样当面马上接听，而是走到我们听不到的地方，压低嗓音接听电话。遇到这种情况，就要特别注意了。

在电影《手机》中，主人公把外遇“无间道”演得淋漓尽致，很多女人都从中学会了不少侦破外遇的办法。现代通讯事业发展迅速，像什么双卡手机、保密手机、商务手机、隐形手机等也相继出现。如果发现自己的另一半忽然把好好的手机换了，并且新款功能齐全，也许并不是什么好兆头。

开销突然增大

一个男人出轨以后，为了体现自己的绅士风度和浪漫，也为了讨伊人欢心，总要去吃吃烛光晚餐、送送玫瑰、喝喝咖啡什么的，而这些都是要花钱的，再加上他为了享受风花雪月，在没有外快的条件下，只好拼命地攒私房钱。还有的男人为了存钱，甚至不惜戒烟戒酒，无所不用其极。

许诺不再生效

如果有一天，我们发现他对我们的许诺不再生效了，就表示我们在他心目中的地位已经不那么重要了。发现这种事情的原因，要么是他“灵光一闪”，发现自己不再爱了，要么就是他遇到一个更符合口味的妹子，移情别恋了。

见面次数明显变少

浓情蜜意时，恨不得天天黏在一起，可最近见面的次数却骤然变少，并且即便在一起也变得平淡，甚至有些尴尬，这些都是感情出现问题的表现，要注意了。

对你开始有负疚感

忽然有一天，那个一向不在意我们优点的人开始对我们夸赞有加，或者在一个平常的日子，一向不懂情调的他却给我们买了一份精致且价格不菲的礼物。出现这种情况的原因，一来是他突然“良心”发现，变得浪漫起来；二来便是他心里有负疚感，觉得自己承担不起另一半真挚的情感。

所以，当那个在平日里油瓶倒了都不扶的主儿，今天突然又是洗碗又是拖地，变得好不勤快时，千万不要天真地以为自己终于“守得云开见明月”了，也许是他在外面和其他女人逍遥，回家却看到你在操持家务，于是良心发现献一回殷勤。

当然，上面总结的这些情况都只是“有可能”，但不可否认，当一个男人以往的生活习惯忽然发生变化时，一定意味着什么。也许是因为最近心情特别好或坏，也许是因为这段时间的工作特别顺或不顺，还可能是因为他遇到了一个靓丽的女人，开始了新的恋情！

WEI
BIAO QING
XIN LI XUE

第七章

捕捉面试官的微妙变化，判断他对你是否满意

摇头叹息是在表达不满意吗

虽然在面试这个行业中总是在强调不能将自己的喜怒表现在脸上，但毕竟面试官也是正常的人，即便再如何强调，他们还是会在不经意间将自己心中所想表现出来。所以，我们只要留心观察，依然可以从面试官的表情和动作中，判断出自己的表现是否符合他们的心意。当然，我们也不能只看表面现象，否则一旦做出错误的判断就得不偿失了。

玲玲接到一家上市公司的面试通知，她兴高采烈地去参加面试，结果却耷拉着脑袋回来了。闺密看到她这个样子，就问："面试结果不合心意吗？你怎么这么个表情？"

听到这话，玲玲没精打采地回答道："是啊，我觉得我说得挺好的，但那个面试官一直在那里摇头叹息。一看他那样，我就打住话头了。然后，面试官就让我回来了。"

"你是说，你看到面试官摇头叹息，就不说话了？"闺密问。

"是啊，他那肯定是在表达对我的不满意嘛，那我还说什么？"玲玲很诧异。难不成这个动作还有什么其他意思吗？

很多求职者在看到面试官摇头叹息的时候，都和玲玲一样，觉得对方在表达不满意，然后就停止表述。这样一来，面试肯定就失败了。

事实上，在看到面试官做出摇头、叹气等负面暗示时，我们首先要对自己做出正面暗示，如“面试官可能想起了近日不开心的事情，与我无关”，切忌受其表情影响，导致自己无法正常发挥；要有阳光心态，认为面试官的表情就是对自己考场临场应变能力的测试，以此来稳定情绪，自然地进行作答。

其次，我们要无视面试官的消极暗示，在有两个或两个以上面试官的情况下，尽量找一个表情亲切的面试官与其对视，侃侃而谈，舒缓气氛。如果只有一个面试官，那就尽量忽视对方的表情，看着对方的眼睛回答问题。要知道，在面试中与面试官进行眼神的交流很重要。

除了摇头叹息的表情之外，我们还需要学会应对面试官的这些举动：

严厉的表情

当面试官的表情过于严厉时，我们就需要努力调整自己去适应对方。先给自己做好心理调节，不断告诉自己对方严肃的表情并不是在针对自己，有可能是他的性格使然，然后要做好自己的本分。回答问题时不要有任何杂念，认真作答即可。

再有，很多大企业的面试官一般为2—3人，我们可以减少与严肃的面试官对视，与其他面试官进行眼神交流。

显得疲惫

当面试官的表情很倦怠或在我们回答问题时显得不耐烦时，我们就要考虑，是否是因为临近休息时间，所以对方才会很疲惫。这时，我们应理清答题思路，简洁、清晰地回答对方的问题。要知道，“善解人意”的求职者更容易给面试官留下好印象。

不看我们

如果在回答面试官的问题时，对方没有抬头看我们，而是自顾自地一味忙着，千万不要觉得他在轻视我们，有可能他在为上一位求职者核分。不要因为面试官不看我们，就放弃表现自己的机会哦。

表情复杂

如果面试官表情复杂或与其他人窃窃私语，我们应排除各种杂念，不断暗示自己“他只是在探讨题目，与我无关”，然后清晰、自然地回答对方的问题。

一般在面试时，面试官的表情变化有很多，但只要我们调节好自己的心态，阳光、自信、真诚地作答，就一定能得到对方的肯定。

对方不断看手表，说明你超时了

在面试时，如果每位求职者都口若悬河，回答问题时远远超出面试官的时间限制，显然会让面试官非常疲劳，他们可能会不断做出看手表、变换坐姿等动作，以此来表明“你已经超出时间了”。如果无法看懂面试官这一动作的心理，就可能会给对方留下不好的印象，影响到面试结果。

丞翰是一名大学毕业生，在学校各科成绩都十分优异的他，踌躇满志地向各大企业投去自己的简历，期待找到一份好工作。很快，他收到一家外企的面试通知。

面试时，对方要求丞翰先做一下自我介绍，丞翰便开始讲述自己大学期间如何能力出众，甚至连初高中的“丰功伟绩”都涉及了不少。听着丞翰滔滔不绝的自我介绍，面试官抬手看了看手表，又问了他一些其他的问题。

丞翰暗暗得意，觉得面试官肯定是对他有好感才会对他进行全面了解，于是又继续口若悬河地说了起来。期间，面试官看了三四次手表，但丞翰都没在意。面试官的表情越来越难看了。

就在丞翰继续讲述自己的职业规划时，面试官终于忍不住打断他的话，让他回去等面试消息了。

其实，对于面试官看手表的动作，我们心里应该有数，这是对方在暗示“你超出时间了”或者“你太啰唆了”。如果我们这点事情都看不出来，那面试失败也是必然的。

除了看手表之外，面试官还可能会通过其他一些动作来表达自己的不耐烦，比如变换坐姿。下面我们就来解读一下，看看面试官的哪些动作在表达不耐烦。

面无表情地玩弄手指

当面试官表情呆滞、笑容僵硬，并开始玩弄自己双手，变化双脚的位置或者两腿重叠抖动时，就表示他不愿意再听我们继续说下去了。这时候，我们最好用简洁的语言结束面试，以免让对方更加不耐烦。

眼神闪烁，双手置于脑后

当面试官的眼神开始闪烁时，有两种意思：第一，面试官对我们所说的话题并不感兴趣，所以他有些心不在焉；第二，面试官对我们的话题已经到了忍无可忍的地步，希望我们马上停下来。

因此，一旦看到面试官做出这两个动作，千万不要再滔滔不绝，否则将彻底失去这次求职机会。最好在面试官出现第一个动作时，我们就立马打住。

双手交叉抱于胸前

当面试官面无表情地盯着我们，并且微蹙双眉，把自己的双手交叉抱于胸前，或一只手横于胸前，另一只手的食指靠颊、大拇指顶着下巴，剩下三只手指盖着嘴巴，再加上背往后靠，双腿张开或交叉跷脚时，表明面试官已经对我们的谈话失去兴趣。这时候，最好立刻改变自己的谈话内容和方式。

头斜向一旁并微微朝下

当面试官的头斜向一旁并微微地朝下，嘴唇线条僵硬、眉毛上扬、眼露不屑时，表示面试官已经不再信任我们。这可能是因为对方觉得我们的谈话内容中有太多夸大的成分。这个时候，我们最好能够拿出事实来证明我们所说的话，否则可能会给对方留下“王婆卖瓜，自卖自夸”的印象。

放松身体，背往后靠

当面试官放松自己的身体，背往后靠，头向后仰，并伴有搔头皮或双手抱于脑后的动作时，表示对方觉得我们的谈话内容过于肤浅。这个时候，我们最好不要再说下去，静等面试官提下一个问题。

总之，面试是一个双向交流的过程，为了使交流能够愉快地进行，我们必须从面试官那里不断获取反馈，并据此调整自己的讲话内容和方式。如果我们为了通过面试一味地表现自己，而不注意面试官的表情，就很可能会造成与面试官之间的不协调。

面试官偶尔与你对视的眼神

有人的地方就存在竞争，我们表现好，但可能会有人表现得比我们更好。到底谁能得到这个职位，决定权掌握在面试官的手中。因此，即使是再正直的一个人，想要获得自己想要职位，也要学会领会面试官的意图。

要如何领会面试官的意图呢？这就需要我们摸清面试官的心理，了解他对我们的看法。经常有人说："眼睛是心灵的窗户。"因此，对于面试官心理和看法的解读，可以从这扇"心灵之窗"开始。

下面我们就来分析一下面试官不同的眼神中到底蕴含着怎样的信息。

偶尔与你对视

与面试官交谈时，他只是偶尔与我们对视，然后又朝别的地方看去。如果对方先后多次这样做，便可以肯定面试官对我们吃不准。这时候，我们就应该注意推销自己。如果面试官不时眨眨眼睛，这就表示他对我们的谈话内容有疑问，这时我们最好不要喋喋不休地讲下去，稍稍停顿一下，好给他提问的机会。

某公司采购部经理的副手前段时间离职了，公司打算新招一位。经过一系列的选拔后，人事部决定在胡滨和张毅两个人中选择一人。这两个人各有各的长处，公司决定让采购部的经理担任最后的面试官，毕竟这个人选最终要和他一起共事。

面试当天，采购部经理特意带上了上季度的报表，他想让两个人通过这份报表来总结上季度中的经验。

胡滨先发言，他将讲话的主要内容放在对上季度失误的反思上，并且一再强调预算上的问题。在胡滨发言时，张毅注意到采购部经理的眼神发生了改变，由一开始的温和变成了锐利。他的眼睛一会儿目不转睛地盯着胡滨，一会儿又朝别的地方看。

轮到张毅时，他原本也准备讲一讲上季度的失误，但鉴于经理刚才的眼神，他又临时把话题改成了评述成就，对于其中出现的失误则一笔带过。张毅在讲的时候，还特意看了看旁边坐着的经理，发现他的眼神又由刚刚的锐利变回了温和。

第二天，公司人事部通知张毅上班，而胡滨只得另找工作了。

为什么会出现这种情况呢？原因是上季度采购预算上的失误虽然是事实，但预算可是采购部经理做的，胡滨当面把这个问题抛出来，就等于直接打经理的脸，自然让经理很不爽。而张毅因为看到经理的眼神变化，临时改变了讲话的内容，为经理挽回了面子，经理自然就更加青睐他了。

无眼神交流

在我们与面试官说话的时候，如果他头也不抬，连瞧都不瞧我们一眼，只顾着低头做自己的事情。这时候，我们就要小心了。有这种表现的面试官可能会认为我们没有做这项工作的能力，或者是因为我们说了什么话、做了什么动作让他觉得不爽，因此不愿意与我们进行交流。

突然打量你

有些面试官会突然从上到下地打量人，这种眼神多出在自大、自负的人身上，他们是想用这种眼神来增强自己的气势，并以此来告诉面试者，他才是“统治者”。这种眼神如果再配上嘴角上扬的表情，那显然就是轻蔑了。

坦然地看着你

面试官坦然地看着你，偶尔眨眨眼睛，这种眼神如果再配上微笑的表情，表明他对你评价还不错；如果对方是在你说错了什么话之后才露出这样的表情，说明他是想告诉你不要沮丧，并鼓励你振作起来；如果对方是在你很好地回答了对方的问题时那样做，则说明他对你很赞赏，希望你再接再厉。

目不转睛地盯着你

如果面试官用自己锐利的眼光目不转睛地盯着你，多表明他在显示自己的权力和优势。在这个时候，我们最好的做法就是他说什么你做什么，而不是对他提出什么质疑，否则将会给他的情绪带来很坏的影响，进而使他对你的看法更加恶劣。

咬手指是为了缓解紧张

在面试的时候，很多人都有咬手指、咬笔的习惯，甚至很多人都没注意自己有这样的习惯。现在，我们就来解读一下咬手指背后的心理秘密。

为了缓解焦虑和不安全感

在生活中，有些看起来像“怪癖”的行为，能让人们进入忘我的境界，减轻外界带来的不安感，咬手指便是其中之一。

众所周知，婴儿时期的宝宝对这个世界既充满了好奇又有一些恐惧，因此当他们在感受到不安、不舒服时就会咬或者吸吮手指。而在出现如摔倒、受惊吓等突发事件时，孩子也会因为内心的不安全感和情绪焦虑等原因，自然而然地采用这种抵御恐惧和焦虑的方式。这种习惯会随着我们的成长慢慢根深蒂固，等我们成年后，咬手指或吮吸手指的习惯依然会伴随我们。

为了缓解心理压力

法国研究人员就“什么人爱咬手指”和“咬手指发生在什么情况下”做了一项民意调查，结果发现，爱咬手指的毛病与人们的工作密切相关。有26%以上的人表示，他们在考虑与自己工作相关的事情时爱咬手指；而购物是咬手指的第二个原因，因为这时候很多人会被“选择困难症”折磨。

也就是说，我们之所以会咬指甲，是因为我们有压力，进而才通过咬手指来放松压力。我们在考虑一些令自己难以抉择的问题时，也会下意识地咬手指，这事实上也是因为压力。

为了缓解紧张、沮丧等情绪

有研究表明，有“咬甲癖”的人，都很容易陷入沮丧（给他们设定一个不可能在规定时间内完成的任务）、烦恼（被关在一间屋里，完全没有任何事情可以做）和焦虑（观看一部可怕的电影）。

和放松的状态比起来，人们在紧张或者厌烦的状态下，更容易咬手指。对此，心理学家指出，很多人在一定的刺激下（心烦的时候）或者刺激过大（压力多大或者过于兴奋）的时候，就会有咬手指的冲动。这种行为会给他们鼓舞，帮助他们冷静下来。

对于咬手指“爱好者”来说，硬皮和指甲在牙齿的咬合下所发生的“弹崩”效果或牙齿咬碎硬皮和指甲时的相互碰撞等，都能带来快感，进而缓解他们内心的紧张、抑郁、沮丧、自卑、敌对等情绪。

当然，无论如何，咬手指的动作始终不太雅观，所以在面试中我们要坚决避免。

不自觉地抖腿表明内心紧张

在面试中，抖腿是一种非常不礼貌的行为，很容易引起面试官的反感。既然如此，为什么人们还是会不自觉地抖腿呢？

从生理学上讲，这种动作可以促进人体下肢的血液循环，维持并增强肌肉和关节的活力。这种习惯性动作并非来自人的大脑皮层中枢神经的指令，所以它并不会影响我们当时所从事的工作。此外，当我们困乏欲睡时，下肢的抖动还能抵消一部分疲劳。

下面我们就来具体解读一下抖腿与心理的关系。

因为紧张和焦虑

美国加州大学做过一个研究，研究结果表明，在某些情况下，如果有人靠近我们，我们感觉到将要被侵犯的时候，腿脚就会自然地开始抖动，而且内心的畏惧感越强烈，抖动就会越厉害。

从心理学上讲，我们之所以会抖腿，除了冷和害怕之外，还可能是心里着急的一种表现，而且腿脚的抖动往往和紧张、不满相关。

比如，当我们对一件事感到厌烦时，就会有一种不舒服的感觉，但内心深处又不得不克制自己，因此就会做出某种反应，并通过肢体语言表达出来，而抖腿就是其中的一种反应。

当一个人的腿脚抖成习惯后，一旦感觉到不顺，就无法克制自己内心的焦躁，会不由自主地表现出来。一般这样的人具有很强的依赖性，容易以自我为中心，喜欢随处流露不满的情绪，似乎他永远都需要别人的支持和谅解。一旦别人无法达到他的心愿，他就会因为着急而开始抖腿。

一般情况下，腿脚抖得厉害的人，往往不会得到重用，因为他们可能会在节骨眼儿上出现失误。当然，这种人并非一无是处，当他们安静下来后，会更容易反思自己存在的问题。

另外，当一个人坐着思考问题时，精神往往处于高度集中的状态，所有的神经都会绷得紧紧的。这时候，如果肢体再不放松，就很容易加重精神上的疲惫。所以，抖腿就成了一种放松肢体、舒缓心情的有效方式。

为了自我保护

人体具有一种弱化的应激条件反射，这种条件反射在人类的婴儿期曾被称作“莫罗反射”，也就是“惊跳反射”，是进行自我保护意识的心理基础。比如，在深夜里开车时，突然有人鸣笛或开远光灯，我们本能的应激反应大多都是全身一冷或者猛地抖一下，它所透露出的意思就是：“我在害怕，我想要保护自己。”

“男抖穷，女抖贱”

民间对抖腿有一种说法，叫作“男抖穷，女抖贱”，意思是说，抖腿是一种缺乏教养、地位低下的象征。

古时候，大户人家从小就会教给孩子各种礼节，其中就包括“勿抖腿”一项；而大多市井人家却没有这些礼节的约束，人们由此得出了“男抖穷”的说法。而所谓的“女抖贱”，是因为女人抖腿往往会裸露出脚部，而在古典名画中，女子光脚常常具有性暗示的意义。

其实归根结底，这样的说法只是在某种程度上迎合了人们对教养的认知，是在特定的社会文化下被过度诠释的结果。但不得不说，如果我们在面试时出现抖腿的行为，那必定会给面试官留下不好的印象。

“我带你看看会议室吧”，表示你被录用了

经过一段时间的精心准备和紧张失眠，我们终于圆满完成面试，可面试官往往会用一句“你的情况我们已经了解了，等我们做出决定后就会通知你”把我们打发走。那么，从面试官的这些“程式化”语言中，我们能看出自己是否被录用了吗？

有心理学家表示，在面试中，一个人经历最多的就是和面试官的对话，这是我们判断面试结果的一个有效渠道。一般当面试官说出以下这些话时，基本就表示你已经被录用了。

“我带你看看公司的会议室吧。”

面试官主动向我们展示公司的内部设施，或者把我们介绍给公司其他同事等，都是不折不扣的示好行为。因此，如果面试官对我们说出“我带你看看公司的会议室吧”或“我带你认识一下人事经理”等话时，就是在向我们明确地表达“我对你很满意”的意思。

“你考虑过其他的岗位吗？”

当面试官说出这句话时，可能表明当前的岗位已经招到了合适的人，或者面试官觉得另一个求职者更适合这个职位，但对方对我们的兴趣依然不减，所以也很希望我们加入。这种时候，如果我们认为那是个不错的公司，并且对新

的岗位也有一定的兴趣，薪资福利也都可以接受，那不妨考虑一下；但如果对方情况一般，对新岗位又不感兴趣，那最好婉拒对方的邀请。

其实，只要面试官对我们说出这句话，就表示对方对我们还是非常满意的。如果不满意的话，他也不会问出这样的问题。

“你希望的薪资是多少？”或者“你什么时候可以上班？”

如果在面试的时候听到这两个问题，那就表示面试官对我们的表现非常满意。因为按照一般的面试流程，涉及具体待遇和细节的问题都会出现往后的面试阶段。因此，这两个问题的提出，是一个非常好的迹象。

“这是一个能够发挥个人潜力，而且升职机会很大的岗位。”

一般情况下，只有当面试官希望我们加入的情况下，对方才会额外花时间来和我们谈论职位的优势问题，并且会尽可能详尽地向我们描述职位的前景。所以，当面试官说出这句话时，同样是在表达他对我们很感兴趣。

“请你在两周后来参加下一轮的面试。”

很多职位都需要经过2—3次面试，并且中间的流程也差不多需要2周到1个月的时间。因此，这句话虽然乍听起来并没有什么特殊的含义，但我们还是要注意。当面试官说出这句话时，就表示对方希望我们在离开时能确切地知道下一步会发生什么，会在什么时候发生。

“你说说自己在那个活动中的表现。”

当面试官对我们的工作经历表现出很大的兴趣，并且鼓励我们详细说明自己的做法和观点时，就表示他有兴趣对我们了解更多。这时候，我们可以根据面试官询问的深度和他是否注意聆听来判断自己能否被录用。

除此之外，我们还可以从面试官的一些表情中，看出自己能否被录用。一般情况下，当面试官的脸上出现以下这些表情时，就表示我们已经胜券在握了。

直视双眼、瞳孔放大

如果面试官经常与我们对视，就表示他愿意与我们进行交流。另外，当一个人在看到自己喜爱的东西时，瞳孔会自然放大。所以，如果我们的面试官看着我们微笑，并且瞳孔微微放大，就基本可以确定我们已经成为他合适的人选。

微笑着眨眼

在面试官说出“期待下次再见”时，我们可以注意一下对方的眼睛。如果他的脸上只是露出礼节性的微笑，那就表示这只是对方的一句客套话；但如果对方在说这句话时，还伴随着微笑和眨眼睛，就表示这句话是他发自内心的期待。

时不时地点头

在面试的整个过程中，如果面试官时不时对我们点头，就表示他对我们的表现相当满意。当然，如果我们面对的是印度面试官，那么这个暗示则可能是无效的。因为印度人习惯用摇头表示“Yes”，点头表示“No”。

面试官大吐苦水暗示面试失败

在面试的过程中，有些面试官为了避免得罪人，也为了避免让求职者情绪激动，会选择用一些比较委婉的语句或行为来表达拒绝的意思。比如，当面试官向我们大吐苦水，一再表示公司如何如何不好的时候，就表示我们的面试失败了。

子晴按照约定时间到某公司面试，临近尾声时，面试官问她还有什么要问的。于是子晴便含蓄地打听了一下公司的福利状况。谁知面试官大吐苦水，像什么“公司没有补充医疗保险”“带薪假期只有那么几天”“逢年过节没有慰问品”……之后，面试官就让子晴先回去等通知了。从公司的办公大楼出来后，子晴觉得不可思议：哪里有面试官说自己公司不好的？

作为公司的形象代表，面试官肩负着为公司挑选人才的大任，是不会在一个求职者面前贬低自己公司的。如果出现这种情况，只有两种可能：第一，把丑话说在前头，希望我们能降低待遇要求；第二，对面试者没有太大的兴趣，希望面试者可以知难而退。

一般情况下，如果公司想招我们，肯定是希望我们能够稳定地做下去，那么面试官肯定会让我们看到公司积极的一面。所以，当面试官开始说自己的公司如何如何不好时，大多就是在向我们暗示“你没希望了”。

除此之外，以下这些情况同样是在暗示我们面试没有通过。

5分钟结束面试

有时候我们会遇到这种情况：接到面试通知后，我们在早上10:00踏进公司，并且见到面试官，从10:01开始面试，之后用1分钟完成自我介绍，面试官再用2分钟进行提问，我们再用1分钟提问，最后结束面试。前后5分钟的时间，面试结束了。这难道是因为面试太有效率？当然不是！这是面试官在暗示“你没机会了”。

对面试官来说，他们在很多时候都会遇到一些简历不好不坏，与公司岗位基本符合，但不出彩的求职者。这时，他们一般都会先把对方叫来看一看，见面后，如果觉得对方没什么特点，和简历一样平淡无奇，那他们基本上就没什么兴趣了。不过，为了走走过场，他们还是会花几分钟的时间来提几个问题，没有什么特别的就直接结束。

遇到这种情况，就表示我们的简历只是刚刚够得上被叫去面试，但也没什么特别值得留意的优点。这就需要我们在自我介绍时，能够尽可能展露我们与求职岗位特别匹配的优势，最好能够描述一些在简历上没办法完全展现，却对求职岗位有所帮助的内容，而这些内容也恰好能反映出我们的个人能力和特质。

未询问薪资要求

很多求职者认为没有公司会喜欢“向钱看”的员工，所以对于面试官没有向自己问起薪资要求，他们会觉得无伤大雅。事实上，公司只是不喜欢我们很唐突地谈及薪资问题，但是和求职者一样，公司也很担心什么都谈好了，就是薪资谈不拢。

所以，一般面试官都会在初次面试的时候，就了解一下求职者的薪资尺寸。如果对方没问，那就说明我们不会有下文了。

“我再和领导商量一下。”

在面试时，明明是这个面试官一个人面试，但结束后对方却说“我再和领导商量一下，如果录用一周内给你回复”之类的话，那就表示我们的这次面试不会再有结果了。要知道，面试官口中所谓的领导都没见过我们，还能商量出什么结果来呢？

不断“找碴儿”

当我们和面试官说起之前的工作加班多，自己因为身体不好无法应付之后，对方马上说：“其实我们这里加班也很多。”这就是面试官没有理由也要制造理由来阻碍我们了。

再比如说，当面试官不停地“关心”我们：“公司离你住的地方比较远，真的没问题吗？”这表示对方比较担心我们是不是因为长时间找不到工作而委曲求全；一旦工作后，会不会又因为上下班太辛苦而跳槽。如果我们已经明确表示自己可以克服交通问题，但是面试官仍在表示类似的“关心”，那就代表我们面试成功的可能性不大了，对方只是在用“上下班辛苦”这个理由来拒绝我们。

面试后一周没通知

在面试的过程中，明明面试官和我们仔细地探讨了薪酬及发放形式、试用期和劳动合同的签订等细节问题，感觉对方很有诚意录用我们，但在我们等了一周之后却还没有接到通知，这就表示我们面试失败了。

很多面试官都表示，他们通常会在面试完一周内通知求职者。如果求职者比较符合他们的招聘要求，则会在三天之内给对方回复；如果求职者属于勉强让对方接受的类型，那面试官就会给自己宽限一点时间继续招聘合适的人才，而这类人是在一周内给予回复。

所以，那些迫切想知道面试结果的人，不妨在规定时间内通过电话咨询结果。这样不仅可以让面试官知道我们对这份工作的热情，还可以让我们节省下宝贵的时间。

“关于我们公司，你有什么需要了解的吗”

很多求职者已经闯过层层难关，但在回答完“关于我们公司，你有什么需要了解的吗”这个问题后，却会遭遇两种极端情况：要么一步走向人生巅峰，要么就重新落入求职大军。那么，究竟如何应对这个问题呢?

有职业规划专家表示，在一场面试中，多数时间都是面试官在进行单项的提问，而这“最后一问”则给了我们一个化被动为主动的机会。这个时候，求职者对于自己的去留已经有了一定的定论，所以正处于放松的时候。而面试官就可以通过我们在这时的表现，来观察我们的思辨和反应能力，特别是对公司和职位的理解程度。所以，处理好这一环节，可以大大增加我们的面试成功率。

经过三年的职场磨炼，学敏觉得自己在各方面的技能都有了显著提高，尤其是英语水平，简直可以用突飞猛进来形容。所以，当学敏在招聘网站上看到一家500强外企在招聘部门经理秘书时，便信心十足地认为，这个职位非他莫属。

结果如他所料，学敏在面试的前30分钟都表现得非常好，这也让他信心大增。可谁也没想到，在最后5分钟的“提问环节”中，他却栽了。

当时面试官问他：“关于我们公司，你有什么需要了解的吗？”接下来，学敏的回复让面试官哭笑不得。当时学敏说道：“我只想提两个问题：第一，听说贵公司遭受金融风暴的打击较深，这一季度公布的财报不是很好，请问公司有什么对策？第二，最近贵公司的竞争对手正好出台了一系列推广新产品的市场活动，收效很不错，而贵公司的新产品却迟迟没有推出，请问你们在新产品推广上是怎么考虑的？具体有哪些市场推广计划呢？”

看着学敏一脸傲气的样子，面试官在心里先给他打了个叉，然后有礼貌地笑了笑，并用公关辞令回避了这些问题。结果可想而知，虽然学敏在面试结束后依然感觉很好，但他却再没收到这家公司的任何通知。

其实，学敏面试会失败，也是有迹可循的。试想一下，他所面试的部门经理秘书，只是一个普通的行政职位，而不是总经理秘书，更不是董事长秘书，而学敏最后的提问姿态，却完全是站在高管或者是媒体记者的立场上，如此自然会让面试官极为不满。

所以说，最后的提问环节，看似是面试官创造出的一种轻松开放的气氛，给予我们充足的空间，实际则是在考量我们的关注点和兴趣点是否在这份工作本身，以及我们对于公司的企业文化等方面是否认同。所谓“在其位，谋其职”，如果我们在面试时过分高估自己，我们很可能会错失这个机会。

在面试过程中，大多数求职者并不是那种3分钟就能入面试官法眼的人，都介于录用和不录用之间。所以，即便面试官没有淘汰我们的意思，我们也应该把这个出现在面试最后的问题当作自己关键的一次发言机会。如果我们能够把这个问题处理得当，必然会给自己的面试增光添彩，甚至可以扭转局面。

既然如此，我们就不得不了解在这“最后一问”中，有什么问题是不该谈的。

薪资待遇

毫无疑问，薪水待遇和福利措施是我们十分关心的问题，但这并不代表这个问题适合在“最后一问”中提出。因为在面试过程中，如果面试岗位的工资固定，那么面试官会有所透露。但如果面试岗位的工资将随着个人的表现而变化，那我们在面试中早早提出薪资要求，就会让自己失去主动。

不要问过于高深的问题

所谓“在其位，谋其职”，如果我们应聘的不是高级职位，就不要提出那些连面试官都难以招架的问题。毕竟，面试官主要是为了考量我们是否适合面试的岗位，那些太过高深的问题，不仅无法让我们获益，还会让面试官觉得我们好高骛远。

不要对非应聘岗位表现出过多的兴趣

很多职场新人在求职的时候，因为还没有确定自己的职业方向，或者对许多新鲜事物都抱有尝试的心态，所以会对不同的岗位都跃跃欲试。这原本不是什么大问题，但如果我们在面试中过多地表现出对非应聘岗位的兴趣，就显得不太合适了。这会让面试官认为我们对自己所面试的岗位并没有太大的兴趣，导致最后顾此失彼。

一般情况下，我们的“最后一问”只要围绕公司、职位来谈，就会让面试官觉得，我们确实是关心这份工作的。

比如，在公司产品涉及面比较广的情况下，我们可以问“贵公司的主打产品是什么？主要涉及的领域有哪些？”又或者在针对外企，尤其是刚刚进入中国市场的外企，我们可以问“贵公司在中国国内市场发展的前景如何？”

再比如，像“贵公司有无针对新人的培训计划，具体是什么？”“贵公司接下来几年的发展目标是什么？”“这个职位的工作内容有哪些？我需要向谁汇报工作？”“贵公司现在有多少员工？有多少办事处（或工厂）？”“贵公司的企业文化如何？”……这类问题都是比较容易过关的。如果我们在面试之前做好了功课，能和面试官就某个问题进行深入探讨，甚至提出一些有见地的意见和建议，那就更完美了。

WEI
BIAO QING
XIN LI XUE

第八章

上司和同事隐瞒了什么？看细节就知道

转笔是因为上司无聊吗

笔是办公室里必不可少的文具，无论什么样的公司，办公桌上永远少不了笔的存在。尤其是那些需要做决策的领导者，总喜欢一边看文件，一边拿起一支笔写写画画，或不停地转动。

马飞想要跟上司请假，却又怕上司不准，因此想先探一探上司的心情如何。正巧，同事于寒要进办公室送份材料，于是马飞就托于寒看一看上司正在做什么。不一会儿，于寒出来了，告诉马飞说，上司现在应该没什么事，他正在那里一边看电脑一边转笔，一副很无聊的样子。

转笔是办公室里常见的动作，几乎每个人都会，那么为什么上司会不自觉地转笔，难道真的是无聊吗？其实不是的，我们在前面讲过，当一个人精神紧张时，他所有的血液就会集中到大脑，这时人身体的某些部位就会出现一些下意识的、单调的、反复的动作，比如脚单调地抖动或不停地转笔。

罗凯正坐在谈判桌的一端，与客户针对一项即将展开的合作进行沟通和交流。这次谈判对罗凯来说非常重要，一旦成功，他将得到期待已久的升职机会。因此，他不放过任何细节地观察客户，想要弄清楚对方此时的心理。

此时客户正低着头，看着罗凯刚刚修改过的方案，脸上的表情平淡无奇。他一只手托着下巴，另一只手反复地转着笔。看到客户这副样子，罗凯心里泛起喜悦，他认为客户正在思考，他的动作是对自己的方案很感兴趣的表现。

当一个人在做某个决定，尤其是处于强势的人在面对弱势者做决定时，他手中的笔飞转反而说明他们内心紧张。所以，前一个例子中，马飞的上司边看电脑边转笔，很可能是因为他在思考什么事，这时候去请假肯定是不明智的。而罗凯的客户不停地转笔，不但不能说他对罗凯的方案没兴趣，反而说明他正在集中精力对方案进行思考，很可能方案已经打动了他，或者他对其中的某些条款比较感兴趣。

其实不仅是转笔，从上司握笔的姿势中，我们也可以看出他的心理状态和性格特征。人的所有习惯都是心理和性格的反映，而握笔姿势也是人长久养成的习惯之一。所以，我们只要仔细观察，就可以通过它分析出我们想要得到的信息。

用两根手指握笔的上司

如果我们的上司喜欢只用两根手指握笔，代表着他的内心有着强烈的研究欲和求知欲，他们喜欢尝试各种管理方式以及揣摩下属的心理。在这种上司手下做事，我们要能够适应他们多变的思维，并对他们各种古怪的要求做好充分的心理准备。

用四根手指握笔的上司

喜欢用四根手指握笔的上司，多半乐观开朗、平易近人，他们并不十分看重自己的权力和地位，而是喜欢和下属打成一片，所以在这样的上司手下做事会比较开心。但我们还是要注意一点，这样的上司行动能力不太强，所以要注意时刻鞭策自己，毕竟这样的上司是不会逼着我们进步的。

握笔位置较低的上司

握笔位置较低的上司一般个性都比较温柔，对待工作的态度也非常认真。当然，作为上司，他们偶尔也会因为一些问题向下属发难。总的来说，这是比较理性的上司，在很多时候他们都能做到平易近人，并将工作和感情分开，比较容易相处。

握笔位置适中的上司

握笔位置适中的上司，在性格中小气成分会比较多，即便他们总把自己装成非常和气的人，但一遇到问题就非常容易生气，因此会给人一种善变的印象。他们精力充沛，很有野心，为了自己的成绩和面子，往往会不顾下属的承受能力。所以，在这样的上司手下做事，我们要非常小心，避免被他们当成出气筒。

握笔位置较高的上司

握笔位置比较高的上司个性温柔，总能设身处地为下属着想，并且考虑问题全面，有较强的决断能力。不过，这样的上司比较喜欢独断专行，任何事都要在他们的掌握之下，下属只负责执行，不能提出任何意见。在这样的上司手下做事，我们要有强大的执行能力和判断力，可以在一些小事上提出自己的意见，但在上司看重的大事上，一定不要挑战他的权威。

除了手和笔的互动之外，我们还可以从上司所用笔的种类来读懂他们的性格和心理。一般来说，办公用笔无非就是铅笔、油笔和钢笔三种。

铅笔的好处在于可以随意涂改，写错了可以擦掉。一般喜欢用铅笔，尤其是喜欢用自动铅笔的上司，在性格中会有很多犹豫的成分，他们缺少决断能力，做事优柔寡断，放不开手脚。在这样的上司手下做事，最好的办法就是和他们套交情、谈感情。因为一有问题出现，决定他们处事方法的一般是感性而不是理性。

油笔是使用人数最多、最普遍的，所以喜欢用油笔的上司属于随大流型，并没有什么特殊的心理可以供我们解读。

钢笔显得典雅、有气派，喜欢用钢笔的上司一般会显得有主见、以自我为中心，并且不怕困难，甚至还很喜欢挑战困难。面对这样的上司，我们最好充分展示自己的能力，让他在我们身上能够看到他自己的影子。

下属靠近时马上跷起二郎腿的上司

很多上司在布置工作或批评下属的时候，总喜欢把下属叫到跟前，然后跷起二郎腿大放厥词。即便下属对上司的这种行为深恶痛绝，但也只能忍着，毕竟对方是领导，要是闹出什么状况来，最后吃亏的一定还是自己。那么，为什么上司会做出这种动作呢？

早上刚一上班，晓岚就被经理叫到办公室。当时，经理舒服地倚靠在沙发椅上，跷起二郎腿向她询问这段时间的工作进展。晓岚一边说，经理一边插话批评她，不是说这件工作早该完成，就说那件工作进展太慢，一再数落晓岚的不是。

面对这样的情景，晓岚觉得非常窝火，因为经理的批评很多都是没有道理的，她想张口反驳，但一看经理的坐姿和架势，觉得还是不说为妙。于是，她便低着头应承经理。不一会儿，经理的态度变得缓和起来，还偶尔说了几句体谅晓岚的话，最终语气温和地让晓岚离开了。

晓岚走后，小玲又被叫进了办公室。和晓岚进来时一样，经理仍然倚靠在沙发椅上，跷着二郎腿，一边询问小玲的工作进度，一边插话批评她。但和晓岚不同的是，小玲直接和经理反驳起来。最后两人从讲道理变成了争吵，甚至引起办公室里所有同事的围观。

一般来说，人在坐着的时候，跷起二郎腿是一种自我放松的方式。但如果一个上司在下属面前故意做出这种姿势，则是为了显示自己强势的地位，属于一种居高临下的心理。更确切地说，上司是为了告诉下属，自己现在很放松，并且对任何事都有充分的掌控能力。

因此，当我们发现上司在一有人靠近的时候就跷起二郎腿，那就应该小心了。因为在这种情况下，他几乎不会对下属有什么肯定的表示，而他对下属的反驳和批评，即便没什么道理，也会继续坚持，把“刚愎自用”呈现得淋漓尽致。

对于刚愎自用的上司，聪明的下属是不会和他硬碰硬的。这种时候，我们要想成功躲过他的批评，从办公室全身而退，甚至让上司接受自己的请求、意见和想法，最好的办法就是先保持沉默。

当他充分发泄了自己的说教欲望之后，我们再进一步肯定他的说教，并在肯定的同时适时掺杂进自己的想法。如果能用他们的嘴说出这些想法，那就再好不过了。因为在一般情况下，越是刚愎自用的上司越是要面子，而他越是要面子，对自己说出的话、做出的承诺就越不会轻易反悔。

除此之外，跷二郎腿还有以下两种意义：

增加气势

这就像越是穷人越是喜欢讲究穿着，而有钱人反而显得比较随意一样。上司在下属面前跷起二郎腿的姿势，不过是为了用这种坐姿来增加自己的气势，从而掩盖内心的不安，这其实是一种软弱的表现。

对于这种软弱，我们要做的并不是针锋相对，而是摸准他的脉门，抓住他的心理和情绪，这样才能将他的弱点为我们所用。

表达戒备和矜持

跷二郎腿的标准姿势是一种戒备或矜持心理的表现。标准的跷二郎腿姿势，是指一条腿搭在另一条腿上，这是一种代表神经质、戒备或矜持心理的表现。不过这种姿势也可以被看作是一种纯粹的辅助性动作，它所包含的意义还得看一些别的动作和手势。比如说，当我们坐得时间过长或椅子不舒服的时候，也会跷起二郎腿。

双手背在身后的上司显得有气势

很多领导在训人的时候，都喜欢把自己的双手背在身后，让气氛瞬间变得紧张起来。从心理学的角度来讲，这是因为当一个人双手背后时，能够给人带来权威感。所以，一些领导为了显示自己的身份、地位，好在气势上震慑别人，通常就会做出这个动作。

子晨接受公司的指派，和一个新客户商谈合作的事情。因为对方是老板级别的人物，在身份地位上比自己这个经理的身份要高一些，所以子晨私下把对方可能提出的条件都预先想了一遍，以防自己在谈判过程中败下阵来。

当他信心百倍地准备和对方见面时，对方却又临时通知他，要将见面的地点改在对方公司。这让子晨有点儿意外，但自己毕竟是做足功课才来的，所以也没觉得有什么不妥。

谈判时，刚开始子晨占了上风，但当他把自己的心理价位说出来之后，对方却一直不松口，希望子晨将价格再适当放低一些。

眼看谈判要陷入僵局的时候，对方忽然从椅子上站了起来，然后将双手背在后面，开始在屋子里转来转去，一副思考的样子。对方这一动作并没有什么不对，但子晨的心里却莫名觉得有些紧张。最后，子晨不自觉地松了口，同意把价格放低到对方的心理价位。

就这样，子晨糊里糊涂地就签了协议。刚走出对方的公司，他就后悔了。要知道，这样的价格可是远远低于他初衷的呀，不甘心是肯定的。

为什么子晨会突然妥协呢？其实原因很简单，就是因为他被对方的肢体语言给唬住了，或者说，他是被对方双手后背的动作给“征服”了。从心理学上讲，这个动作会让一个人的自信和气势大增，并且还可以增加对方的心理压力，让对方就像被一只无形的手控制着一样，不得不妥协。

所以，很多领导在说话做事的时候，为了达到自己的目的，会故意做出这个动作，企图去压制或控制别人，从而让自己在人际交往中占得上风。而我们如果不能及时在对方故意向我们施压时做出适当的反应，势必会被对方影响。

双手后背的动作，除了让人显得有气势之外，还有其他几种心理学意义。

掩饰浮躁

有些人的性格本就莽撞、浮躁，但在社交场合，为了不让别人看出自己的这种缺点，他们就会做双手后背的动作，使自己看上去显得沉稳一些。

处事谨慎

很多人在思考问题时也会习惯性地做出双手后背的动作，这样会显得成熟稳重。在社交场合，这些人大多会表现得十分谨慎，尤其是在听了别人的话之后，通常会将自己的双手后背，然后一边踱步一边思考。他们在做事、做决定的时候，一般都比较慎重、沉稳。

态度顽固

在日常生活中，我们经常可以看到，一些老人总是喜欢做出双手后背的动作，而这恰好是他们思想顽固的表现。尤其是当他们的想法与别人产生冲突或在看待问题的时候，总会做出这个动作来表现自己的坚持。

当然，我们不能片面地看待双手后背这个动作，还要根据对方的性格和当时的情境进行分析，以便更好地了解对方的心理和性格。

搞“一言堂”的上司控制欲强烈

我们每个人都曾经历过这样那样的会议，例如晨会、周会、月会、年会等。公司会议一般都没有什么特别的程序，并且唱主角的往往都是公司里最具权势的上司。

在公司会议中，有些上司会把会议变成自己的“一言堂”。不管自己有没有话说，为了享受这种绝对的权威，他们从不会把话语权交出去。等到他过足了嘴瘾之后，便立即宣布散会，不给下属任何发表自己意见的机会。

从心理学的角度讲，这类上司具有十分强烈的控制欲。他们心里非常看重自己所拥有的地位和权力，所以不容他人染指。而在面对问题时，他们也会表现得比一般人更加坚定，并且对很多事都能做到心中有数，对许多突发性问题同样能够应付自如，因此具有相当大的领导魅力。但在另一方面，他们独断专行，不轻易接受下属的建议，给下属们带来很大的苦恼。

当然，并不是所有的上司都喜欢“一言堂”式的会议风格。不同的上司，在主持会议时的风格是截然不同的，而我们可以通过观察他们主持会议的风格，来了解他们的性格和心理。

喜欢啰唆

有些上司在主持会议时，总是喜欢啰里啰唆地说个不停。他们会把参与会议的下属全都当成听课的学生，生怕讲之不详、教之不够，即便是对一个小问题，也会一而再、再而三地重复，完全不管下属是否已经厌烦，直到自己讲得口干舌燥为止。

这样的上司一般都非常有耐心，甚至略微有一些强迫症的倾向。他们很难对别人完全放心，所以对自己交代下去的任务总是显得过于关心，恨不得事事亲力亲为。当然，这种类型的上司也有可能真的对某一领域非常熟悉，属于专家、学者类型，因此才会比较喜欢展现自己的学问。

这种类型的上司往往具有“两面性”：一方面，他们想要保持对自己所熟悉的工作的绝对权威；另一方面，他们在工作之外则会放任下属做任何事，绝对不加以过问。

喜欢让下属畅所欲言

有些上司在主持会议时非常注意互动，他们总是用很短的时间来发表自己的意见，然后就把时间留给下属，让下属畅所欲言。这样的上司如果平时就表现得非常和蔼，能够虚心接受下属意见的话，那就说明他是一个民主的上司，在他手下工作会非常愉快。

但如果这个上司平时并没有表现出多么民主，只是在会议上才会这样，那我们就可以断定，这个上司的性格中圆滑世故的成分比较多。一般情况下，这种类型的上司比较乐于做一个好好先生，他们不会轻易得罪下属，但心里对下属肯定又是另一种评价。在他们的心中，对每个人的看法和评价早就有了一个尺度，只不过他们不会把这些说出来而已。

喜欢点到即止

有些上司在主持会议的时候，喜欢对事情点到为止，给人一种彬彬有礼、恰到好处的感觉。这种类型的上司大多都是已经有了一定的成就且喜欢抓大放小的人。但是，面对这种上司，下属要想在会议中引起他们的注意，就要多提一些建设性的意见。当然，下属想要畅所欲言也没关系，只不过很难得到他们的重视。

公司的会议是一个非常开放的活动，当上司在上面滔滔不绝地讲话时，总能吸引下面几双、十几双甚至更多的眼睛。而在这种氛围中，有些上司的表情和动作都会或多或少有些刻板。因此，如果我们想要从上司的表情和动作上来分析他们的性格，就会变得困难。

但无论他的表情和动作变得如何，一个人的主持风格是不会改变的。所以，对上司主持会议的风格的归纳，就成了我们分析和了解对方性格的一种手段。通过观察和总结，认清自己的上司主持会议的风格，有益于加深我们对上司的了解，进而为我们取得上司的信任和青睐提供有力的支持。

重复按电梯的同事性子急躁

作为一名上班族，我们都会有这种时候：闹铃响起时，躺在床上无比纠结，心情烦躁；等到了公司的电梯门口，再看一看时间，离上班还差几分钟，心情顿时放松。如果我们闲来无事，可以注意一下周围同事在等电梯时的小动作，真的可以发现很多有趣的事。

一般人认为，等电梯就是一群人站在电梯前排好队，然后一动不动地等着电梯下来。实际上，真实的情况却不是这样的。人们在等候电梯的时候并不会一直保持“立正”的姿势，而是会下意识地做一些小动作。

有心理学家表示，不同的人在同样的情境下，可能会不自觉地做出各种反应，这些随意的行为背后，能呈现出不同人的心理和性格。对此，美国行为专家还专门做了相应的调查，他们用三年的时间观察了近10万个等电梯的人，从中归纳出了几种常见的小动作，并分析了这些小动作背后的性格、心理因素。

重复按电梯按键的人比较急躁

有些人在等电梯的时候总会不停地按电梯按键，即便他们知道电梯还要很久才能到达，也会如此。这种人的性格一般都比较急躁，讲究办事效率，属于雷厉风行的行动派。他们有强烈的时间观念，无法容忍他人的拖延和懈怠。所以，他们在很多时候宁可独自行动，也不愿因为需要别人的帮助而迁就别人。

虽然在工作方面他们会显得有些特立独行，但他们在生活中却并不会这样。生活中，他们普遍比较随和并容易接近，所以他们的人缘都不错。

不过他们的缺点也很明显，那就是时常会有些情绪化，而且还可能会以自我为中心。一旦对一些事着迷，或者心里确立了某个目标或计划后，他们就会不自觉地忽略周围的人和事。这时候，如果我们给他们造成一些干扰，很容易就会引起他们的不满。

不由自主地来回踱步或跺脚的人比较敏感

有些人在等电梯的时候会不由自主地来回踱步或跺脚，就好像在思考什么事情一样。这样的人普遍性格比较敏感，甚至还略有一些神经质。

他们普遍有着丰富的内心世界以及对事物敏锐的洞察力，并且在很多时候，他们都相信自己的直觉和判断力。在生活中，他们一般都会显得比较感性，所以感情因素最容易打动他们。

认真注视指示数字的人比较理性

有些人在等电梯的时候从不会关注周围的人和事，他们会很认真地注视着电梯楼层的指示数字，只等电梯门一开就马上迈步进入电梯。这种人普遍比较理性，他们有着强烈的自我意识，不仅不太愿意插手别人的事，也非常讨厌被别人打扰。

他们在面对工作时，总能把事情处理得非常稳妥，办事也非常小心谨慎。在与人交往时，他们也同样奉行谨言慎行的作风。所以，他们会给人一种比较冷漠的感觉，当然，其实他们也确实不是一个好的交际对象。

此外，这种人因为做事条理分明，所以很受周围同事特别是领导的信赖，但由于个人意识太过强烈以及不太喜欢做冒险和没有把握的事，导致他们在公司里的人缘很一般。

抬头看天花板的人防卫意识强

有些人在等电梯的时候总是会不停地打量四周的人或物，或是装作抬头看天花板。这种人的心理防卫意识都比较强，他们乐于旁观周围的事情，也喜欢看热闹，但如果让他真正参与其中，他们却未必愿意。他们从不愿轻易向别人展示自己的内心世界。

此外，这种人有着强烈的求知欲，大多学问渊博、知识丰富，成就也比较高。而在人际关系上，他们更倾向于少而精地交友，所以他们的交际范围虽然都不大，却能培养出深厚的友谊。

低头看地面的人比较沉默

有些人在等电梯时总是低头看地面，或者偶尔晃晃双腿，用鞋底摩擦地面。一般这种人看上去会比较沉默，也不太喜欢公开表达自己的看法。事实上，他们大多心地善良，并且真诚、坦率。

在人际交往中，他们大多比较容易相信别人和乐于助人，因此很容易得到周围人的喜欢，人际关系方面也很少出现纠纷。但他们的这种性格也会造成一些问题，比如他们不太善于拒绝，有时甚至会失去原则成为“滥好人”。

受到表扬就害羞的同事比较敏感

当我们受到表扬时，就表示我们所做的事情得到了别人的认可，并且受到表扬后，我们往往能得到愉悦和满足。心理学家表示，一个人接受表扬的态度，同样可以反映出这个人的性格特点。

受到表扬就害羞的人比较敏感

有些人在受到表扬后马上就会脸红，看起来非常腼腆。这样的人一般都比较敏感，甚至是脆弱。他们一旦遭受到批评就会觉得很受伤，更无法承受什么突如其来的打击之类的。但他们大多富有同情心，从不会用恶意的言语去攻击或伤害别人。

受到表扬就露出惊喜表情的人比较淳朴

有些人听到表扬自己的话会表现出一副不敢相信的样子。这种人喜欢用非常惊讶的表情来掩饰自己心中的喜悦，因为他们担心自己高兴的样子被别人看到后会认为他们在骄傲。

一般这种人的性格比较憨厚淳朴，他们不喜欢与别人发生不快和冲突，有时候甚至会为了周围人的安宁而选择损失自己的利益，并且他们不喜欢独处。他们的大度和慷慨能让他们与别人建立起良好的人际关系。

受到表扬后心平气和的人比较稳重

有些人受到表扬后依然一副心平气和的样子，对于表扬自己的人，他们总是能给予恰到好处的感谢。他们大多彬彬有礼，并显得沉着稳重。工作中，他们比较注重实际、讲究实效，同时他们还富有进取心，善于韬光养晦，所以经常会出其不意地给人以惊喜。

他们在为人处事中有着特有的行事原则，一般也不容易受到外界环境的影响，而是能够按照自己预定目标坚持不懈地努力。他们的性格中很大部分淡定从容的成分，总是能让看到他们的人心里平静下来。因此，他们的人际关系大多非常好，身边的很多人也都愿意跟他们倾诉。

受到表扬无动于衷的人比较低调

有些人在受到表扬后依然无动于衷，这种人大多比较低调，并且在工作方面兢兢业业。他们不喜欢因为受到他人的注意而浪费自己的时间和精力，而别人的评价对他们来说只是一种可有可无的东西。

一般这种人在对待身边的事情时总能保持一种顺其自然的态度，他们不太会争强好胜，喜欢独处一室进行研究和开发，觉得这比加入吵闹的集体中虚度光阴要好得多。

受到表扬后心不在焉的人机智过人

有些人总是喜欢用一种心不在焉的态度来对待自己获得的表扬，他们大多头脑灵活、机智过人、才华横溢。在他们的性格中，狂放不羁的一面会表现得非常明显。很多时候，他们都会表现得既现实又果断，对名利不会过度追求。所以，他们在受到表扬的时候，总是会找其他的话题来避开表扬。

受到表扬后极力否认的人谦虚

有些人在受到表扬后总是会极力否认，或者用诙谐的话语回敬对方的表扬，这种人大多不愿意受到别人的干扰，不论是在精神上还是生活上，他们都比较倾向于独立，所以他们很喜欢将自己的精力和时间用来维护独立空间。

在语言上，他们有时会比较幽默而含蓄，有时又略显放荡不羁，其实这都是为了掩饰自己的真心，刻意封闭自己。因此，表面上他们会有不错的人际关系，但事实上他们通常不会和别人建立起深厚的友谊。

受到表扬后用相应的话回敬对方的人自信

有些人在听到别人的表扬后会立刻用相应的表扬话语回敬对方。这种人的性格大多比较独立，不喜欢依赖他人，并且对自己和生活充满了自信。在人际交往中，他们讲究平等互利，不会去占别人的便宜，所以和他们交往，完全不必担心自己会吃亏。

对表扬来者不拒的人乐于助人

对表扬来者不拒的人大多心地单纯，好助人为乐，他们总能设身处地为别人着想，并对别人的优点给予肯定，所以身边人都比较喜欢和他们相处。而且，这种人总是慷慨大方，能够给予朋友及时而有效的援助，也能够竭尽全力帮助朋友渡过难关。

抓挠脖子的同事口是心非

抓挠脖子是指用食指（通常是用来写字的那只手的食指）抓挠脖子侧面位于耳垂下方的那块区域。在我们的工作和生活中，很多人都会做这个动作。它与心理有什么特别的联系呢？下面我们就来具体分析一下。

表示沮丧

研究表明，当人们沮丧和恐惧的时候，我们的脖子后面会隆起一片鸡皮疙瘩，给我一种刺痒的感觉。因此，每当我们处于这种情绪的时候，就会不由自主地抓挠脖子。

表示不确定

莉莉是一名新职员，工作了一段之后，她发现了公司的很多问题。作为一个非常有责任心的人，莉莉勇敢地跑去和经理反映情况。

经理听完莉莉一番慷慨激昂的说辞后，先是会心一笑，然后说："我觉得你说得非常有道理，我会和上级领导反映这几个问题的。"说话期间，他还用手抓了抓着自己的脖子。

过了很长一段时间之后，莉莉提出的问题依然没有得到任何改善。对此，莉莉百思不得其解：经理当时明明觉得自己提出的意见非常有道理，为什么却迟迟不给出反馈呢？

心理学研究表明，抓挠脖子代表一个人在表达他的疑惑和不确定，等同于他在说："我不太确定是否认同你的意见。"因此，当一个人口头上说"我非常认同你的观点"，却伴随着用手抓挠脖子的动作时，我们就可以基本断定，对方口是心非。

表示违心

媛媛和佳佳是同事，媛媛任职主管，佳佳担任组长。前段时间，佳佳因为工作业绩突出，被公司调往分公司担任经理。虽然职位得到了提升，但工作的位置却远在山区，所以佳佳一点儿也不想去。

这天，佳佳找媛媛聊起这件事，表示自己是多么郁闷。"那里那么偏僻，出行什么的都不方便，我哪里受得了？我倒是宁愿在这里当组长，也不想到那里去当经理。"佳佳愁眉苦脸地说。

媛媛附和说："是啊，条件太差了。"

"真想留在这里啊！"

"那你就去申请不去啊！"媛媛随口一说，说完后又觉得后悔。因为如果佳佳不去的话，公司就很可能会让她去。

但佳佳听到这话后却眼睛一亮，追问："真的能申请？"

媛媛抓挠着脖子说："应该可以吧……"

"那我现在就去！"说完佳佳就一溜烟跑了，媛媛想阻止也没来得及。过来一会儿，媛媛才拍着自己的脑袋说："我可真是的！"

一个人在说话时如果伴随着抓挠脖子的动作，很可能表示他在说违心的话。有的人说违心的话不仅仅是为了隐瞒自己的真实想法，更可能是为算计他人布置陷阱。比如，他们嘴上说着对我们的赞美之词，心里却很可能在盘算着怎样让我们摔一跤。因为我们无法知道这种人的真实想法，所以与他们为伍是非常危险的。因此，为了不让那些口是心非的人破坏我们的生活，我们有必要了解这一动作所表达的含义，避免让自己受害。

把玩领带或项链的同事心神不宁

在观察身边的同事时，我们习惯从对方的气质、长相和穿着上判断，但肢体语言行为分析专家乔·纳瓦罗却认为，那只是最基础的，一个真正能够阅读他人话外信息的专家，关键在于他对他人动作尤其是不经意出现的细微动作的观察和判断。就拿男人的领带和女人的项链来说，当一个人不由自主地把玩它们时，多半代表他正处于心神不宁的状态。

因为当一个人处于紧张状态或心里有压力时，常常会下意识地触摸或按摩颈部，擦拭额头或耳垂，男人会拉领带，女人会玩弄颈上的项链。这些行为的动作都比较大，却经常被人忽视。其实，只要我们能够细心去观察对方的这些表现，我们就能够很好地把握对方情绪。

除此之外，美国著名心理学家伊莉尼医生表示，通过观察一个人的项链和领带，可以洞察他的心理。

首先我们来说项链，从心理学角度讲，喜欢戴项链就是希望被关注。因此，如果我们想要对同事有更好的了解，可以从对方的项链中得出一些启示。

一般喜欢金项链的人性格比较外向、待人友善，能够很好地约束自己；喜欢银项链的人做事比较讲究顺序和规则，并且不喜欢突然改变；喜欢旧式项链的人一般都比较热爱家庭，是很好的居家伴侣；喜欢镶宝石的项链的人非常注重外表；喜欢珍珠项链的人十有八九是完美主义者。另外，那些佩戴珠宝较小的人大多比较稳重，而佩戴珠宝又大又多的人则具有很强的虚荣心。

下面我们再来说领带。领带对男人来说，是自我格调的象征，所以我们可以从对方的领带中把他的处事原则和人品秉性看得一清二楚。

领带结打得又小又紧的人

喜欢这种领带结的人大多谨小慎微、气量较小，并且多数都比较孤僻。他们喜欢独守阵地，做什么事情总是优先考虑自己，热衷于物质享受，对别人却一毛不拔，所以很少有真心相待的朋友。

领带结松大的人

喜欢打这种领带结的人大多温文尔雅、风度翩翩，并且天生就有着非凡的亲和力。这种人只要稍加磨炼就会成为社交高手，而在社交场合，他们也最容易得到女人的青睐。

领带结大小合适的人

这种人比较注重自己的形象，在公共场合总会显得彬彬有礼。他们在工作中安分守己、一丝不苟，还有一部分人会显得原则性过强，态度过于严苛，给人一种压迫感。

打领带但自己却不会系的人

有些人虽然也打领带，但自己却不会系，需要别人帮忙。这种人大多不拘小节、性格随和、心胸豁达。这种人如果不是身怀绝技，就是具有领导天分，不屑将自己的精力耗费在系领带这类小事上。

不习惯打领带的人

很多人没有打领带的习惯，即便是在比较正式的场合，他们也会穿戴得很随意。这样的人大多不喜欢被拘束，生活上自由散漫、无章可循。当然，他们毫无疑问都是很有才能的，并且他们因为对待朋友都很真诚热心，所以人缘很好。

喜欢用专业术语的同事不自信

在公司里，我们经常会看到这样的同事，他们非常喜欢卖弄自己的学问，无论是在讨论问题还是平常聊天的时候，经常会不自觉地说出很多专业术语，而这些高深的术语却让原本很容易说清楚的事情变得莫名其妙起来，从而给人一种不知所云之感。

博文毕业于一所名牌大学，毕业后，他选择回到家乡一家小型企业工作。领导把他安排到了公司最重要的市场营销部门。

营销部的经理听说博文分到了自己的部门后，心里非常高兴，认为自己这回会多一个得力助手。但在博文到职没几天后，经理就高兴不起来了。

原来，博文经常和同事们说一些云山雾罩的专业术语，一旦同事表示自己听不懂，他就发出“没知识”“没上过大学就是不行”这样的嘲笑。不到两个月的时间，部门里的员工都对博文有了意见，几乎没人愿意和他一起工作。

我们都知道，并不是所有的问题都非要用专业术语来表述。那为什么博文却偏要使用术语呢？从心理学上说，其实这是自负的心理在作怪。博文喜欢说专业术语，说直白一些，就是为了让其他同事听不懂，以此来衬托出他的能力。

其实我们可以预见，如果是在熟悉的环境中，面对自己熟悉的同学、朋友，博文的术语就会忽然之间自动消失。说到底，这种把术语挂在嘴边的行为，还是他本身不安和缺乏自信导致的。

在面对一个新环境时，我们都会对自己的能力产生一定的怀疑，害怕自己做不好。为了给自己增加自信，驱散内心的不安，很多人就会在与同事说话的时候引经据典，试图借此来彰显自己的能力，获得同事和领导的认可。

这种人其实只要遇到一个比他们更有学问的人，就会马上露馅。因为他们的专业术语无非都是从书籍、网络上学来的，甚至有些术语的内涵他们自己都不太清楚。说穿了，他们不过是纸上谈兵，只能糊弄糊弄外行罢了。

毕竟一个真正有能力和才识的人是不会故弄玄虚的，他们会选择用比较浅显的道理与上司、同事进行沟通。这就像是一个有钱的人不会把金银珠宝都挂在自己身上，只有没钱又虚荣的人才会担心别人看不起自己，恨不得把自己包装成一个移动“土豪金”。

真正自信的人一般并不会在乎别人对自己的看法，而只有那些不自信的人才会时时想着找机会炫耀自己，生怕别人看不到自己的能力。殊不知，他们越是这样，就越显得他们心虚、没能力。

了解了这些喜欢频繁使用专业术语的同事的心态以后，我们就可以找到应对他们的方法。比如，在面对他们的时候，该给的面子一定要给足，让他们把自己高深的术语说痛快，以此来稳定住对方不自信的心理。等到他们说痛快之后，我们可以假装不经意地提及他说错的地方，就他所讲的术语提出些后续的问题，在这样旁敲侧击的引导下，对方会逐渐意识到自己的错误，进而做出改变。

总在说“很忙”的同事真的很忙吗

在公司里，总有一些把“很忙”当作口头禅的同事。无论何时，只要我们一问他们“工作怎么样”，他们肯定就会回一句“哎呀，忙死了”，即使我们明明知道他们根本就没什么工作要做，他们依然会说自己“很忙”，也不知道他们都在忙什么。

泽涛是一家公司的行政文员，只要在上班时间，他张口闭口总是说自己“很忙”，并且整天都一副为了工作忙得团团转的样子。看看他走路风风火火的样子、办公桌上杂乱的文件，会让人觉得他确实很忙。

不过，公司的人都知道，泽涛的工作和大家是一样的，领导也没有给他开什么“小灶”，也没有什么特殊的任务交给他。而且上下班时，泽涛也和其他同事一样准时，真不知道他整天在忙什么。

有时候，明明一件工作已经完成了，但他却依然在办公桌前忙碌。同事有时会开玩笑问他：“你又在忙什么？”他便回一句：“忙工作。”但当同事追问他到底在忙什么工作时，他又低头不语，只是自顾自地“忙”着。

其实那些整天都在“忙”个不停的人，并没有什么可忙的，他们只不过是为了做出忙的样子。这些做样子的人都有一个共同的特点，那就是一边做样子，一边对同事说自己“很忙”，让大家觉得自己真的在忙。

从心理学上讲，其实这种故作忙碌的行为有一种很巧妙的心理动机。下面，我们就来看看他们这么做到底是为了什么。

为了消除自己不安的情绪

出现这种行为的主要原因，是由于他们缺乏自信。一个不自信的人会害怕周围的同事瞧不起自己，便想以忙碌的姿态来获得他人的认可，从而消除自己心中不安的情绪。

为了得到上司的重视

在很多企业中，忙碌都被认为是有能力的表现，并且只有那些优秀、受上司重视的人，才会每天都处于忙个不停的状态。因此，他们的故作忙碌，也可以被看作是想通过忙碌来向自己的同事证明自己被上司所重视，所以才会一个工作接一个工作地忙个不停。

但不幸的是，这些人这般“忙碌”却往往只能取得反效果，其中的原因主要有两方面：

第一，在其他同事普遍都知道他工作任务的情况下，他还表现得如此“忙碌”，只会给人一个感觉，就是他的工作效率十分低下，并且工作不得要领。如此一来，他们原本想表现出来的很有能力的样子，就成了其他同事眼中的没有能力。

第二，在上司眼中，如果其他同事都很闲，只有他一个人整天都在“忙”个不停的话，那么上司除了会认为他工作效率低下之外，还会觉得他的人缘不好。上司可能就会想：“他的工作既然这么忙，但为什么没有一个同事来帮他呢？”于是，上司就会觉得，一个整天和同事喊忙，但却没见一个同事帮他的人一定是不善于沟通、缺乏团结协作意识的人。

现在我们已经知道了这些整天喊“忙”的人的心理，那么，我们该如何与这样的同事相处呢？

首先我们不能揭穿他，虽然他的“忙”是装的，但毕竟这只是对方的一种无害行为，并没有对其他人造成伤害；其次，即便我们有事，也尽量不要请他们帮忙，因为他们多半会以“忙”为借口进行推脱。

为什么有的同事不愿意接电话

在办公室里，有这样一些同事，当他们身边的电话响起时，他们竟摆出一副无动于衷的样子，要么是让别人接，要么等到没办法的时候才自己接。

嘉凯从不接办公室的电话，每当电话响起时，他就跟没听到一样，该做什么还是做什么。哪怕电话涉及工作业务上的往来，他也一概不理。

办公室的电话有好几部，有时候会一起响，即使这样，嘉凯也从不会搭把手。如果遇到同事对他抱怨或者要求他帮忙接一下，他基本都是对同事做一个微笑的表情，然后却回答说："不好意思，我手上还有重要的事要做。"说完他就转过头，继续去做自己的事情。

在别人忙碌的时候帮同事接一下电话是理所应当的事情，但像嘉凯这种非但不帮忙，甚至连分内之事都不去做的人，难免就让人对他们有意见了。其实，对于别人有意见，这些人是心知肚明的，可是当电话铃声响起的时候，他们依然会不自觉地选择躲避，这到底是为什么呢？

出于不屑

有心理学家认为，像这种无视电话铃声，让其他同事去接听电话的行为，大多出现在那种以自我为中心的人身上。在他们心里有种"只有自己很忙""自己的工作最重要"的想法，把接电话看作是杂务、琐事，并对此怀有非常不屑的态度。

这样的人，即便在他人强烈要求下接听了电话，心里也是愤愤不平的，会想"凭什么让我来做这种没用的小事"，结果导致接电话的态度也变得非常恶劣。毕竟在他们心里，接电话这种事应该由那些"没用"的同事来做。

像这种自大、以自我为中心的人，最好避免让他们帮忙。试想一下，一个电话都被他们搞得如此复杂，我们又怎么能放心把事情托付给他们呢？就算对方能力不错，但当我们把事情托付给他们后，他们也许同样会摆出一副不屑的样子，并且不会把事情放在心上。

出于"自我保护"

这种不愿意接听电话的行为，也可能是他们的"自我保护"意识在作祟。也许他们认为，帮别人做这种琐事是一种贬低身价的行为，会破坏他们的"光辉形象"，因此会有一种"杀鸡焉能用牛刀"的心理。所以，每当别人提出什么要求的时候，他们都要先掂量一下问题的轻重，如果是小事，那他们多半是不会痛快答应的。

了解了他们的这种心理之后，我们便知道该如何与他们相处了。我们可以在平时尽量让他们感觉到我们对他们的重视，多给他们戴戴高帽，用来满足他们的自我意识和虚荣心。如果有什么问题或工作需要他们的帮忙，就尽量把问题说得困难一些，把工作说得重要一些，最好能极力突出他们在其中起到的重要作用。如此一来，他们很可能就会欣然允诺。

出于“电话恐惧症”

“电话恐惧症”是一种生活中常见的现象。通常来说，我们每个人都会有一个或几个自己特别害怕的来电对象，比如老板或某个难缠的客户。

可以想象，对方来电的理由绝不是为了向我们问候“上班愉快”，很有可能是为了给我们布置新的任务或是“讨债”。原本我们的压力已经很大了，所以会害怕电话带给我们更多的负担。

WEI
BIAO QING
XIN LI XUE

第九章

拥有敏锐的洞察力，看清对手心中的鬼

叫出对方的名字，建立良好关系

在人际交往中有这样一种说法：“世界上最美妙的声音，就是听到自己的名字从别人的口中说出来。”事实上，记住别人的名字，不仅是对别人的一种尊重和重视，也是一种文明的体现。

在与别人交谈的时候，如果能够在恰当的时机叫出别人的名字，无疑会迅速拉近彼此之间的距离。把这种套路用在和我们并不是很熟悉的人身上，尤其有效。

曾经有一位推销员遇到一个名字非常难念的顾客，这个顾客叫尼古玛斯·帕帕都拉斯。很多人都因为记不住他这拗口的名字，而称呼他为“尼古”。而这位推销员深知叫出对方名字的重要性，所以在拜访他之前，特意把他的名字反复练习了好多遍，直到熟练。

等到推销员见到对方时，他就面带微笑地说：“早安，尼古玛斯·帕帕都拉斯先生。”

对方听到这位推销员的问候几乎惊呆了，因为他已经太久没有人这么叫他了。过了一会儿，他才平静下来，并对推销员说：“我在这个小镇生活了35年，从来没有一个人试着用我完整的名字来这么称呼我。你是第一个，而且还说得这么准确！”

后来，尼古玛斯·帕帕都拉斯成了这名推销员忠实的客户。

事实证明，一个人在和他人初次见面时，如果对方能叫出自己的名字，那么他就会对对方感到亲切，反之就会对对方产生疏远感、陌生感。

心理学上，我们把这种想要被认可的心情称为“承认欲求”，这是人类最根本的欲求之一，而满足这一欲求最简单的方法，就是在交流的时候叫出对方的名字。在叫名字的时候，双方也很容易产生亲近感，进而建立起良好的关系。

试想一下，当我们在和别人交谈的时候，别人对你十分熟悉，而你却叫不出对方的姓名。这种时候，不仅我们自己觉得尴尬，更会让对方感到失望。有时因为地位的关系，我们应该先招呼对方，但如果我们因为没记住对方的姓名而没有打招呼，对方可能就会觉得我们目中无人、自大傲慢，这就不妙了。

每个人都希望别人能够记住自己的名字，特别是在与不太熟悉的人交往的过程中，如果能够记住别人的名字并轻松地叫出来，就等于巧妙而有效地给予了别人恭维。如果忘记或者叫错了人家的名字，你便把自己放到了十分不利的位置。

吉姆·弗雷德在46岁时已经获得了四所大学颁给他荣誉学位，并且高居要职，最后还荣膺邮政首长之职。这样一个人，很难想象他曾为了生计而辍学到砖厂打工。

当记者向他询问成功的秘诀时，他说：“辛勤工作，就这么简单。”

“不，这不是我想要的答案。”

“那你认为我成功的原因是什么呢？”

“听说您可以一字不差地叫出一万个朋友的名字。”

听到这句话时，他笑着回答说：“不，你错了！我至少能准确无误地说出5万个人的名字。并且，若干年后再遇见他们时，我依然会叫出他们的名字，我还会问候他们的妻子、儿女，以及聊起与他们工作和政治立场等相关的各种事情。”

当年罗斯福在竞选总统时，就是吉姆为他助选。吉姆不辞辛劳地乘火车，穿梭于中西部各州，亲切地与当地民众寒暄、交谈，并宣传罗斯福的政见。

返回东岸之后，吉姆就立即写信给每一个城镇的友人，请他们帮忙列出所有与会人士的姓名和联系方式，并一一给每一个人写信。而且在每封信件的开始，他总是亲切地直呼对方的名字。

吉姆发现，一个人最感兴趣的都是自己的名字。所以，牢记别人的名字并正确无误地叫出来，对任何人来说都是一种心理上的尊重和友善。

想象一下，我们初次与人见面，对方却喊出了我们的名字，那会是一种什么样的心情呢？应该十有八九会对这个人产生好感吧？这就是为什么有些人初次见面就能与人建立良好关系的秘诀。

所以，从现在开始，不妨试着去用心记一下别人的名字，说不定在下次见面的时候，我们就能够赢得对方的喜爱。

握握手就可探知对方内心的秘密

被誉为读心术高手的霍茨·艾尔特曾说过这样一句话：“在一个人的手和另一个人的手相互触碰的那一瞬间，就意味着一种交流的开始。这好比有一种电波在人和人身体和心灵上展开了传输。一旦握手动作发生，这种电波就会瞬间在彼此间产生。而从这微弱的电波中，我们就可以感知别人的内心。”

握手是一种礼仪，也是人与人之间的一种交流方式，只要我们用心去解读，就能感受到对方通过手掌传递的信息。

握手的温度

2004年雅典奥运会女子乒乓球单打决赛中，中国选手张怡宁以4:0的比分轻松战胜朝鲜选手金香美，为中国代表团拿下一枚宝贵的金牌，进而让中国代表团的金牌总数达到了100枚。

赛后，张怡宁向记者透露，在比赛开始之前，她就已经知道自己肯定会赢。记者问她：为什么会如此自信？张怡宁回答道："赛前与对方握手时，我感觉她的手是冰凉的，这说明她很紧张。"

张怡宁通过握手就预料到自己的胜利并不奇怪，因为行为学家早就有过研究，手是一个人情绪的衡量尺。一般情况下，在一双颤抖之手的背后，一定是一个人恐惧的情绪；在一双发热的手背后，则一定是激动的情绪；而在一双冰凉的手背后，自然就是一个人紧张的情绪。

两个人的手紧紧握在一起时，它所传递的，绝不仅仅是问候这么简单，更是一种投石问路的试探。当一个人想通过握手来打探我们的底细，或者通过握手来向我们施加某种压力时，如果我们不知道其中的奥秘，那在人际交往中就很容易处于被动。而当我们的信息在对方那里暴露无遗，自己却没有主动从中去获取有用的信息，就等于主动放弃了一次解读对方内心秘密的机会。但如果我们深谙其中的奥秘，每一次和对方握手时，都能认真地从这个简单的动作中去感知对方的心理，就能在社交场上更加游刃有余。

握手的力度

因为工作原因，梦炎经常需要和各种各样的人打交道。他是个非常细心，善于观察的人。经过一段时间的学习和琢磨后，他练就了一项绝招——通过握手来探知对方的心理，从而获取双方交流的主动权。

一次，梦炎在和一个刚结识的合作伙伴握手时，感到对方握手的力气很大，就像老虎钳子一样，把他的手夹得生疼。根据他的经验，他知道这代表对方是一个控制欲极强的人，这种人总是企图能够从力量上压制对方，一般不容许对方反驳，更不容许别人背叛，所以和这种人交往的时，最好不要得罪他。

为了顺利将对手拿下，梦炎决定“以柔克刚”。在和对方交谈的时候，他尽量避开对方的锋芒，也不去抢对方的话茬儿。无论对方说什么，他都能从自己的角度予以积极的评价。正是因为谦恭温和的态度让对方觉得满意，对方才没怎么为难他，最后更是毫不犹豫地和他签订了合作协议。

在这次交际实践中，梦炎看似在气势上不敌对方，但谁又能说他不是这次交际的赢家呢？反过来想，如果梦炎因为对方的咄咄逼人而针锋相对，和对方硬碰硬地进行一番唇枪舌剑，那必然会得罪对方，到时双方的合作自然也就不可能达成了。

在握手时，有些人的力量偏大，说明这个人在性格上坦率乐观，是一个坚强开朗的人。而那种握手力量适中的人，一般都比较聪明，他们善于交际，能够在人际交往中游刃有余。同时，他们非常多疑，工于心计，难以完全信任他人。所以，和这种人成为朋友很难。

有些人握手力量很轻，时间也非常短，好似敷衍了事。一般来说，出现这种情况是因为对方的情绪低沉，或者对方正在被别的事情困扰，导致没有心情应付社交；再不然就是他对我们没有特别的好感，所以才敷衍了事。

握手的形式

有些人握手时间很长，这表明他对我们很感兴趣，希望与我们进行更深入的交流或者想马上获得你的好感。比如，1972年美国总统尼克松访华时，他走下飞机后与周恩来总理进行了长达2分钟的握手。

有些人在握手时，只用手指抓握我们的手，而不让我们触碰到掌心。这表示对方的性格非常敏感，不喜欢与人交往。一般想和他们成为朋友并不容易，可一旦成为朋友后，彼此就有可能成为知己。

有些人喜欢在握手时与我们交谈，心理学家认为，这是因为对方很可能是个“自来熟”，想要通过这种方式让我们感到亲切；也有可能是对方在试探我们，想从我们这里提前了解一些信息。

有些人在与我们握手时，喜欢抓紧我们的手并不断地摇动。这种人一般都非常乐观，并且对人生充满了希望。他们乐于助人，而积极热诚的待人态度更能给他们带来很好的人缘，进而让他们成为焦点人物。

此外，有些人在我们伸出手之后，他们却犹豫了片刻才慢慢伸出手来。这种人大多性格内向，不善与人交际，平时沉默寡言，做事优柔寡断。

环抱双臂意味着拒人千里

环抱双臂是我们常见的一种姿势，在思考、讨论、发呆时，很多人都会下意识地摆出这个动作。有些人把这一动作看作是大脑运作的标志，而有些人则认为这么做只是为了舒服。事实上，这一动作还意味着关闭心灵之门，拒人千里之外。

德国著名心理学家胡克博士曾做过一家德国企业的谈判顾问，当时，这家企业正在和分别来自于日本和印度的企业讨论合作开发一条生产线的可能性，而他们聘请胡克博士，就是为了让他分析这两家企业的谈判代表在谈判时的诚意和他们话语背后的信息。

胡克博士首先出席了与日本企业的谈判。在谈判过程中，双方你来我往、讨价还价。对于谈判内容，胡克博士听不懂也没兴趣，但日本谈判代表的一个细节动作却引起了他的注意。

当德国企业提出，日本企业必须先保障资金和人力，德方才拿出技术时，日本的谈判代表靠在了椅背上，他的手臂也停止了挥舞，并把双手环抱在胸口。胡克博士从这一细节中知道，不是日本企业不同意这一条款，就是日本企业没有提供资金和人力的打算；而在和印度代表谈判时却没有发生这种情况。

谈判过后，胡克博士将自己的发现告诉了德国企业的决策者，而对方在认真考虑了胡克博士的意见之后，决定把谈判的中心放到了印度企业上来，双方很快就达成了协议。

事后他们了解到，那家日本企业果然没有做这方面的预算，他们只是想把德方的技术先弄到手，然后再用技术向银行抵押贷款，而所谓的谈判，完全是他们“空手套白狼”的阴谋。

在人们表示热情、欢迎、开放时，会将自己的双臂伸展开，将胸膛完全露出来。因此，拥抱就成了人与人之间表示友好的最佳方式。相反，环抱双臂则表示防御、冷漠、拘谨和不甚友好。因此，在与他人交流的过程中，如果对方摆出了这样的姿势，我们就应该明白对方是在向我们表示不欢迎了。在这种情况下，离开才是比较识趣的做法。

美国芝加哥大学的几个行为学教授组成了一个研究小组，他们针对环抱双臂这一动作进行了专门的研究。

在研究过程中，他们要求一群志愿者听一系列的讲座。期间，一部分志愿者按照他们的要求，始终保持双腿和双臂的自然状态，即不跷二郎腿，也不将双臂环抱于胸前，尽量以一种放松的姿势聆听讲座。在讲座结束之后，教授们记录下了这群志愿者对讲座内容的掌握程度，以及他们本人对此次讲座的想法和收获。

之后，教授们又安排另一部分志愿者进行了同样的试验，讲座的内容也完全一样。唯一不同的是，他们要求这些志愿者在听讲座的时候，都必须把双臂交叉紧紧抱于胸前。在讲座结束后，他们同样记录下了他们的收获和对讲座的想法。

最后通过对比两组数据，教授们得出这样的结论：与第一组坐姿放松的志愿者相比，环抱双臂的志愿者所掌握的内容要少40%以上，并且他们对于讲座内容以及讲授者的观点也更为挑剔。教授们因此得出结论，当人们环抱双臂时，他们的沟通能力将会随之大幅度降低，与对方交流的难度也将大大加强。

这一结论其实很好理解，因为手臂是人体中最活跃的肢体器官，并且在进行工作的同时，它还承担着保护身体的职责。比如，当我们感觉到有危险降临的时候，我们的手臂就会下意识地护住自己身上的要害部位，以此来增加我们内心的安全感。所以，我们也可以这样理解：当我们环抱双臂的时候，就好像在自己与他人之间筑起了一道屏障，将我们不喜欢的人或物统统挡在外边。

也就是说，一个人在与我们交流的过程中如果做出这样的动作，就说明对方正在对我们提高警惕。这种时候，即便对方的脸上可能表露出一种赞成或者思考的表情，我们也要清楚：其实对方早就在心里把我们的意见否决了。

抚摸下巴表示正在思考

在谈判中，有人会不自觉地抚摸或托着自己的下巴。对此，心理学家表示，在人的非语言行为中，下巴经常会出现一些细腻而微妙的小细节，它们往往不易被察觉，却能够让我们洞察对方的心思。

我们现在就来分析一下，当一个人做出这一动作的时候，到底透露着怎样的心理秘密？

表示正在思考

大家应该都知道著名的雕塑《思想者》，它是一个强而有力的男子形象，弯着腰，屈着膝，并用右手托着自己的下颌，似乎是在思考着什么。这个雕塑表现了我们在思考问题时常做的一个动作：抚摸或托着下巴。

行为心理学家研究发现，当人们无意识地用手托着下巴、抵住上颚、捏住额头或太阳穴，用单手或拳头撑住脸颊时，不要怀疑，他们一定是在思考！当我们看到身边的人做出这个动作时，最好先不要去打扰他。

表示正在认真倾听

在我们跟一个人说话时，如果对方静静地平视着我们，并不自觉地用一只手托着下巴，好像正在理解我们所讲述的内容时，就表示对方正在认真倾听。这时，我们就可以放心地把自己想说的话都说出来，而不用担心会产生不好的结果。

表明正在做决定

在我们与他人说话时，对方将一只手放在脸颊旁边或者是下巴的正下方，并将大拇指与其他手指分开，轻轻地摩擦下巴。这是在告诉我们“我正在认真听你说话”，同时也表示这个人开始对某人或某个话题产生了较为浓厚的兴趣，并准备做出肯定或否定的决定。

嘉明是一名销售员，这天，他带着公司新产品的资料，找到了一家经销商。对方表示对他的产品有些兴趣，并邀请嘉明到办公室详谈。

当时嘉明和经销商面对面坐在一张桌子旁，在他为经销商详细地介绍产品的特点和价格后，他看到对方把手轻托在下巴下方，并时不时用大拇指摩擦下巴。嘉明知道这个动作代表对方正在做某种决定，于是他从包里拿出样品对经销商说：“也许您会担心咱们公司的产品质量，觉得一分钱一分货，哪有那么多物美价廉的东西。但我现在就可以证明给您看，这是真的。”说完就拿出之前备好的锤子，朝产品用力砸了下去。

经销商被他的动作一惊，又看到被嘉明砸过的产品确实没有任何损坏，终于决定签单。在签字时，经销商说：“在你介绍产品时，我确实在考虑要不要相信你的产品，毕竟价格这么低的产品真的很令人怀疑。不过，我现在相信你了。”

代表否定

当我们与他人交谈时，如果对方用手掌托腮，用手腕托着下巴，则表明他对我们的话题并不感兴趣，并且思维正在逐渐远离我们正在谈论的问题。如果对方是用拇指托住下巴，食指伸在脸颊上，其他手指则蜷曲着放在嘴和下巴之间，那就意味着对方对我们的话题持有批判性的态度，并且对方随时都会对我们的话题提出反对意见。

代表焦虑和谎言

当人们陷入恐慌、孤独的情绪中时，会用抚摸下巴的方式来缓解内心的焦虑不安，让自己保持镇定。人在撒谎时，也很容易做出抚摸下巴的动作。这些在前面已经说过。

让你“二选一”，最好两个都不选

现实生活中，我们常常会陷入“二选一”的纠结中，比如在“用西红柿和鸡蛋炒菜”还是“打汤”之间选择；在“买绿色的休闲包”和“买褐色的淑女包”之间选择；在“减完肥才有资本穿比基尼”和“好吃好喝了活得才开心”之间选择。每个选择都有它正确的理由，我们不能说一个选择是错的，也不能说这个选择比另一个更好。

在销售法则中，同样有一个“二选一”法则，即销售人员可以给顾客一个价格套系，适当地强迫顾客从1或2中做选择。

例如，销售人员会对顾客说：“请问您是要那台两个门的冰箱还是这台一个门的冰箱？”“请问是星期二还是星期三送到您府上？”“请问您是刷卡还是付现？”……所谓“二选一”的问话技巧，其实就是在帮顾客拿主意，让对方下定决心购买。

有一位饭店老板在街道的两边开了两家一模一样的粥店，店里每天前去就餐的顾客人数相差不多，但右边一家粥店的收入总是比左边一家多出不少，而且几乎天天如此。为了解开这个谜团，老板决定派人前去了解各店的经营服务情况。

被派去的人装扮成普通顾客，他首先走进左边的粥店。一进门，服务员就面带微笑地把他迎了进去，并给他盛好一碗热气腾腾的粥，然后又热情地问："先生，加不加鸡蛋？"之后，调查者发现，每进来一位顾客，服务员都会问同样的话："加不加鸡蛋？"有的顾客说加，也有顾客说不加，粗算起来，加鸡蛋和不加鸡蛋的人各占一半。

之后，这位调查者又走进右边的粥店。服务员同样满面春风地把他迎进去，并给他盛好一碗热粥放在饭桌上，然后和气地问："先生，请问您需要加一个鸡蛋还是加两个鸡蛋？"对其他顾客，服务员又问了同样的话。一般情况下，爱吃鸡蛋的人要求加两个，不爱吃的人就要求加一个，当然也有不加的，但这种情况比较少见。

就这样一天下来，右边的小店要比左边那家多卖出很多鸡蛋。于是调查者知道，正是不同的问话让两家粥店的营业额产生了差异。

"加一个鸡蛋还是加两个鸡蛋"，这样的问话方式，让顾客陷入提问者既定的前提中，然后不由自主地给出选择。

假如我们是一名沙发销售人员，对正在看沙发的顾客说："您需要沙发吗？"购买欲望不是很强烈的顾客，一般就会说"我随便看看"或"不是"。如此一来，这笔生意大概就做不成了。但如果我们的问题是"你想要布艺沙发还是皮质沙发"，那顾客很可能会"二选一"。

所以说，问话巧妙与否往往决定着我们生意能否成功。比如"您方便在11月1号还是11月8号交货？""您要米色的床单还是蓝色印花的床单？""您要交1000元定金还是1500元定金？"……在这种提问方式中，无论对方选择哪个答案，我们都可以顺利做成一笔生意。

对于这种“二选一”的销售模式，相信很多人都没有防备。无论我们选择哪一种答案，主动权都在对方那里。

在心理学上，我们把这种情况称为“误前提暗示”。销售员为顾客假设了一个前提，把“买或不买”变为“买蓝色还是买紫色”，于是顾客就在销售员的“误前提”下做出选择，误以为“买蓝色还是紫色”是出于自己的意志，最后就如对方所愿买下其中一件。

对于这种推销方式，如果我们对产品确实存在需求，只是在价格、颜色或款式等上面拿不定主意，可以参考对方的意见。但如果我们根本就不需要，只是想随便看看或者对哪一件都不够中意，那就不必受“二选一”的干扰了，也就是两个都不选。

对方说“考虑考虑”时是在说什么

很多人应该都遇到过这种情况：和客户沟通得很好，自己的讲述也很到位，对方听得也聚精会神，但等到需要确定合作或购买意向的时候，客户却提出要“考虑考虑”。一些销售人员对此的反应是：“那就回去考虑一下吧，反正我已经说得够清楚的了，他考虑清楚后一定会购买的。”谁知，客户却一考虑就不再回头了。于是销售人员明白了，对方这是考虑清楚后决定不买了。

事实真是如此吗？其实并不是的，在这里我们需要明白一点，当客户说要“考虑考虑”的时候，就代表着对方是在表达“这事儿就算了吧”“这东西对我没什么用”“浪费这钱干吗呢”等意思，而所谓的“考虑考虑”只不过是他托词罢了。

志文是一名非常努力的保险推销员。一开始，当有客户向他咨询买什么保险最合适的时候，不太善言辞的志文担心自己会笨嘴笨舌地把对方说跑了，就赶忙把准备好的材料发一份给对方。客户看后又询问了几个比较具体的问题，对此，志文能比较流畅地回答。当双方谈得越来越开心，志文心里开始暗暗高兴，觉得这笔生意有戏了。

但聊来聊去，客户却一直不谈买保险的事儿。按捺不住的志文就硬着头皮问对方是否决定好了，对方表示“我再考虑考虑”。志文觉得这无可厚非，毕竟谁买东西也要考虑考虑，也就没太在意。之后的几天，志文一直在等着这个客户的回音，但一个星期都过去了，对方依然没有回复。

之后几次，志文的经历都与这次差不多，都是聊得很开心，但对方都要回去“考虑考虑”，结果对方一考虑就没有下文了。对此，志文倍感沮丧，一筹莫展。

志文所面对的问题绝非特例，几乎每个缺少经验的推销员都会被这样的问题所困扰，但一些经验丰富的推销员却能对这样的问题应付自如，他们是如何做到的呢？

有经验的推销员一般会选择一鼓作气，马上促成交易，也就是我们常说的“趁热打铁”。

当然，如果我们想要和客户建立长久的合作关系，或者想要顾客为我们带来拓展业务的机会，那么过度的推销反而会让客户觉得我们太过激进，进而对我们的产品产生不信任的想法，或者怀疑我们是否会与他存在长期合作的关系。

因此，当客户说出“我需要更多的时间来考虑一下”的时候，我们要做的就是尽量缓和对方的情绪，增加他对我们的信任感。一般来说，我们可以这样做：

巧用问句，促使对方购买

当我们把产品介绍给客户后，对方很感兴趣，却表示要考虑一下。这时，我们可以说："当然，考虑一下就表示您有兴趣对不对？我知道您是那个行业的行家，不过呢，在我所经营的产品方面，我可是行家。现在，您最想知道的一件事是什么？"

在这个重要时刻，你应设法知道客户真正的反对理由是什么。销售人员要询问客户需要再考虑考虑的缘由，有针对性地解决，促使客户购买。这时销售人员可以这样问："先生，既然您说您要考虑一下，表明您对我们的产品真的有兴趣，对吗？"一般情况下，对方都会说："没错，我确实有兴趣，会考虑一下的。"

接下来，我们就应该确认客户真的会考虑，然后可以给对方举出一些例子，为他们分析他们能够得到的好处。最后，我们可以再问："先生，有没有可能是钱的问题呢？"如果对方确定是钱的问题之后，就表示我们已经打破了"考虑"的定律。此时，如果我们能处理得很好，就能把这笔生意做成。

提出问题的关键

客户说出"考虑考虑"的借口时，我们应该马上做出反应，而不是将话题打住，赞成对方去"考虑"，最好询问下对方："一定是我不太会讲话才让您有不明白的地方，否则您就不至于说'考虑一下了'，可不可以把您所考虑的事情跟我说一说，让我了解一下好吗？"像这样认真、诚恳的态度，一般都可以让客户把话头接下去，进而使对方愿意看看样品、进行操作等。

或者我们还可以直接和客户说："您先不要这么想，您先看看这个样品，看看再说吧。本产品的特别之处就是……"这样就可以逐渐激发对方的购买欲，并让对方下定决心购买。

紧追不放，等客户做决定

很多时候，当客户表示想要考虑一下或者要求我们下次再来时，最好的方法就是紧追不放，直接对客户说：“先生，请您好好考虑吧。我将在这儿等候您考虑后的决定。”或者说：“对不起，我知道您很忙，可是我没办法每天都来呀。我想您所担心的也许是交付问题吧！若不妨碍您的话，我们还是仔细谈一谈吧！”

总之，当客户说出“考虑考虑”时，我们应设法摸准对方最后的考虑点是什么。找到这个点之后，再站在对方的角度讨论问题，共同探讨解决问题的方法。

客户像鸡啄米一样点头是在说什么

我们都知道，点头是同意和肯定的意思，比如当我们讲话时，对方听到关键处微微点一下头，就表示他认同我们的观点，愿意继续听下去。而在获得对方的肯定之后，我们也会更愿意把自己内心的想法完全表露出来。但是，如果一个人点头的频率过快，类似鸡啄米似的，那还是同意的表示吗?

文胜所在的贸易公司最近会有一个重要客户来参观，老板特别交代，这次客户参观工厂的环节，全程由文胜负责讲解。

为了“伺候”好这位“财神爷”，文胜提前把两个公司之间往来的所有产品都做了了解，而且还提前预测了客户可能会提出的问题，反复演练，以确保万无一失。

终于到了“实战”的一天。在工厂里，客户并没有像文胜预料的那样提出这样那样的问题，而是让文胜自由讲解。虽然这样的要求让文胜有点儿紧张，但还好他已经把工厂和产品的资料背得滚瓜烂熟了，于是便滔滔不绝地讲了起来。

在文胜讲解的过程中，客户似乎很有兴趣的样子，不住地点头或者偶尔附和一两声。但随着讲解的深入，文胜却发现客户的附和声没有了，点头的频率却越来越快，就像鸡啄米一样。甚至有时候，文胜的话才讲到一半，客户就开始点头了。

文胜对此表示非常不解，但看到对方没什么其他表示，只好强压住心中的疑惑继续讲下去，但不知为何，心里却越来越慌了。

对于文胜遇到的这种情况，如果还说客户的点头表示赞同的话，那就有些牵强了。那么，客户究竟是什么意思呢？其实，点头除了能表示赞成、同意之外，还有一些负面意义，那就是不关心、动摇、无聊等。客户此时的真实情感很可能就是“你快点讲完吧”“我不想再听你继续废话了”，但可能是出于礼貌，才不分时机地频繁点头，意在催促文胜赶快结束。

由此我们可以看出，点头具有两种截然不同的含义。那么，我们该如何分辨它到底是意指赞同还是意指不耐烦呢？这其中的关键在于点头的时机。

一般情况下，表示赞成的点头大多出现在一段话的间隙或结尾处，这种适时的点头才会显得自然；而如果对方的点头多出现在我们讲话的途中，随着我们的讲话一起做出，显得非常突兀甚至有一种催促的感觉，那肯定就是在表达不耐烦了。

在了解并能分辨这种带有厌烦意味的点头之后，我们就应该知道如何应对这种情况了。比如，当别人出现这种动作时，我们首先要做的就是给自己的发言迅速找一个恰当的结尾。切忌突然停止，那样会让人以为我们看透了他的意思，反而会引起尴尬。

之后，我们可以另外寻找一个话题，把交流继续进行下去。当然，如果对方已经表现出了厌烦的情绪，并且很难再开启另一个话题，那我们最好的做法就是问一问对方是否还有什么要了解的，这样就可以把主动权交到对方手中，由对方来决定是结束谈话还是继续交流。

注意与对方做眼神交流

在上面的章节中我们已经讲过，眼睛是心灵的窗户，所以通过观察一个人的眼睛，可以获得很多关于他人情绪和心理的信息。

姚鑫是个刚刚从事销售工作的菜鸟，他没有经验，性格也比较内向。因此，他在一个月的时间里，一笔单子也没有拉到。公司有个前辈看他人还不错，就想帮帮他。前辈提出让姚鑫和他一起去见一个客户，实际上是想看看他身上有哪些不足。

见完客户后，刚走出客户家的大门，前辈就开始批评姚鑫说："你怎么连看都不敢看客户？没有眼神交流哪能让你的话有说服力，你又怎么能看出对方是有兴趣还是没兴趣。像你这样一直低着头说话，别说一个月了，就是一年，也未必能拿到一笔订单。"

其实有很多刚入行的销售员都和姚鑫一样，在和顾客交流的时候，不敢看对方的眼睛，即便偶尔看一看对方，眼神也是漂移不定的。但是，我们要知道，虽然推销员是新手，顾客们可不都是新手。像姚鑫这样，会让很多老练的客户一眼看出他心中的不自信，并且一下子就抓住他的弱点。

正常的眼神交流对于销售工作来说非常重要。眼睛是传递个体感受的焦点，可以把那些我们无法用语言描述的复杂感受传递给对方；而且，眼睛能够传递出一个人真实的内心感受。

因此，在推销的过程中，我们如果能够注意多和顾客进行眼神交流，多注视一下对方的眼睛，不但可以树立自信心，给顾客留下一个好的印象，还可以解读和掌握顾客的心理。

销售人员在引导顾客进行消费的过程中，对方的这几种眼神是必须要了解的。

当顾客的眼神发亮并带有寒光时，表示对方对我们并不信任，甚至是排斥我们的征兆，在这种情况下开展推销工作，是最为困难的；当顾客的眼神中读不出任何情绪时，就代表我们的话题并没有引起对方的任何注意，这种时候，我们要尽快找到对方感兴趣的东西或者结束话题；当顾客一被你注视就将目光移向别处时，意味着对方比较腼腆或者爱面子，一般这种人会因为性格原因不善于拒绝别人，这种时候，我们可以采取穷追不舍或套近乎的推销方式来促使交易达成。

如果顾客用斜眼瞄我们一下，又将目光移开，就表示他对我们的产品怀有兴趣，但又不想让我们知道，这种眼神的出现，就预示着我们的销售工作取得成效了。在这种情况下，多提一点令对方动心的东西，可以尽快扩大“战果”。

如果顾客坐在椅子上，眼神威严地凝视我们，表示对方非常自信。对于这样的顾客，最好的做法就是有一说一，让他自己去判断。相反，有些顾客的表情和语言都在向我们传达“我很投入”的信息，但对方的目光却不时地移向远处或涣散，那就表示他对我们的谈话内容并不关心或正想着别的事情。

通过对眼神的观察，我们可以获得顾客的很多心理信息。当然，什么样的眼神反映什么样的心理并不是绝对的，要想获得准确的心理信息，需要我们把对眼睛的观察结果放到具体情景中去分析，并加入我们从对方的言行、表情、声音、服饰等方面搜集到的信息进行综合考虑。

对你微笑并不一定会与你合作

笑是我们在日常交流中最常用的表情。客户的脸上会露出各种各样的笑容，有经验的销售员可以通过客户脸上不经意间露出的笑容，来判断对方的购买意向。但是，对我们微笑就表示会与我们合作吗？不见得。

刚刚进入公司的销售员吴语，今天又被主管训斥了，原因是她放走了一个潜在的大订单客户，却跟着一个只是随便看看的顾客聊了半天。像这种分不清哪个顾客真心想买，哪个是随便看看的问题，吴语已经不是第一次出现了。

面对主管的呵斥，吴语小声地为自己辩解道："那个顾客听得可认真了，一边点头一边冲我微笑；另一个顾客连理都不理我，只顾自己看资料，我对他讲解他也不置可否，我怎么知道他是真的想买？"

"顾客想不想买又不会写在脸上，你要自己去判断。"听着吴语的话，主管又想发火了。

"我判断了啊，只是判断错了，可是任谁都会认为那个微笑的顾客更有购买意向的啊！”吴语继续辩解。

“向你微笑就意味着有意向吗？你从哪儿得到这个结论的！”主管反问道。

听了这话，吴语顿时变得无语了。

其实，很多新入行的销售员都会和吴语犯同样的错误，就是以自己的第一感觉去判断顾客的购买意向，而他们的第一感觉却往往是错的。这主要是因为，一个人表现出来的特征和他的心理往往有着很大的不同，这才导致我们通过观察得到的信息是虚假或是错位的。如果我们用这种虚假、错位的信息来判断对方的购买意向，自然就成了“缘木求鱼”。

以吴语提到的微笑为例，作为人与人之间最常用的交流表情，微笑代表着友善和睦。但我们也要知道，在一张微笑着的脸背后，可能隐藏着各种各样的心理，除了友善之外，可能还有生疏、怀疑等。下面我们就来分析一下常见的几种笑容。

含笑

这是一种适用范围非常广的笑容，它的特点就是程度非常浅，几乎没有笑声，只是面含笑意。含笑主要用来表达一种友善，大多用于陌生人或者不太熟悉的人之间，因此并没有什么实质性的含义。

微笑

它的笑容程度会比含笑更深，但也在笑不露齿的范围内。这种笑容包含着丰富的内涵，可以是一种自得其乐的心满意足，也可以用于向别人表达友好。在人际交往中，它的适用范围最广。

欢笑

欢笑是一个人发自内心、心悦诚服的笑容。当客户露出这种笑容时，就代表着我们的推销已经取得了效果。这种时候，我们要做的就是赶快诱导对方达成交易，把胜利成果拿到手里。至于要不要乘胜追击扩大“战果”，那就要视具体情况而定了。

傻笑

傻笑又叫憨笑，一般情况下，有傻笑出现的脸是很难作假的，因此它更多的是在表示内心的喜悦。不过傻笑在表示喜悦之余，还是一种没有主见和心机的表现。露出傻笑的客户是销售员最喜欢的，因为只有心底非常耿直、实在的人，脸上才会出现这样的笑容。所以，当客户发出傻笑时，那基本就是在和我们说："你介绍吧，无论你介绍什么，我都会买的。"

讪笑

讪笑一般多为厚颜强笑、勉强装笑，包含一种不好意思的心理。在面对推销时，露出讪笑的客户多是那种想要购买，但因为种种原因不能或无力购买的人。面对这种情况，我们基本上就可以判定为推销失败了。

但作为一个合格的推销员，当客户的脸上出现这种笑容时，是绝不能一走了之的，而应该先看一看有没有合适的替代商品推荐给对方；即便没有，也要尽量把推销时间再拖延一下，给客户一个台阶下。如此一来，客户就会对我们存有感激之心，等到他以后具有购买能力的时候，他首先想到的就会是我们。

冷笑

无论在什么场合，一个人脸上出现冷笑的表情都不是好兆头，它代表着轻视和敌意。如果在推销时客户的脸上频繁出现冷笑，那就意味着他对我们的话非常不以为然。在这种情况下，我们要么选择改变策略，获取他的好感和信任，要么就赶快离开，免得自讨没趣。

笑容是一颗无形的糖果，在相互交流的过程中，笑容的出现会让双方都感到无比的惬意。而在这种惬意之余，如果我们还能从对方的笑容里解读到一些信息，那就更能发挥它的作用了。

坐椅子时踮脚尖是想合作

当别人称赞或肯定我们的时候，我们可能会半信半疑：“他是真的赞成我，还是为了表示礼貌或者别有所图？”这种时候，我们不妨看看对方脚尖的动作。心理学家认为，脚部动作是最诚实的肢体语言。下面我们就一起来了解一下一个人的脚尖都隐藏了什么信息。

坐椅子时踮脚尖是想合作

心理学家研究发现，当一个人情绪高涨时，他的身体会不自觉地做出背离重力方向的动作。因此，当我们与客户谈判时，如果看到对方端坐在椅子上，并将脚尖踮起，就说明对方在向我们呈现出一种殷切的姿态，表示愿意合作。这种时候，如果双方没有马上签订协议，那可能是因为对方还有所顾虑，只要我们善加诱导，必然能够达到目的。

销售部的韵希这天要和一位非常重要的客户见面，只要能和对方签下这笔订单，就能为公司带来极大的利润。

韵希早早到达了约定的地点，一见到客户，她就非常热情地和对方握手，给对方留下了良好的第一印象。待双方坐定后，韵希就开始给客户详细地讲解公司的业务流程和订单信息。双方的交流很愉快，但说到合同时，对方却摆摆手说：“不急，不急，我们先聊聊。”

客户的这句话让韵希琢磨不透，她不知道对方心里是怎么想的。百思不得其解时，她突然注意到客户桌子下的双脚正踮着脚尖。这一发现让韵希欣喜不已，这表示对方也想签合同，只是还存在一些顾虑。

于是，韵希顺着对方的话说："没错，机会难得，我们确实该好好聊聊。"之后在聊天的过程中，她发现对方的话题一直围绕着公司的现状，对此，她都一一作答。最后，客户表示："跟你洽谈业务是一件很愉快的事情。"随后，他便爽快地在合同上签了字。

脚尖指向对方表示欢迎

当我们走向某人时，如果对方是全心全意欢迎我们，他就会把自己的脚尖指向我们，而不是转过头或仅仅侧一下身子。因此，若想知道自己是不是真的受欢迎，只要看一下对方的脚就能得出结论。

脚尖上翘表示高兴

当一个人感到高兴时，走起路来会飘飘然，所以对正处于好心情的人来说，他最明显的外部表现就是脚跟着地，脚趾向上翘起指向天空。

脚尖转向门表示想离开

心理学家认为，脚部转动的方向，尤其是脚尖的方向，是表明一个人是否想离开的最好信号。比如我们在与客户交流时，如果发现对方的脚已经不再对着自己，而是向着另一边或者门的方向，则表示对方对我们没有好感，从而本能地选择"逃跑路线"，准备离开这里，也有可能是因为对方有事不得不离开。这种时候，我们最好结束话题，不要再继续"麻烦"对方。

频繁地踢脚尖表示拒绝

美国心理学家罗伯特·索马通过实验证明，当一个人被过多地侵入内心世界时，其最初的拒绝方式就是频繁地踢脚尖。由此可知，当我们与他人交谈时，如果发现对方开始不停地踢脚尖，我们就该明白，对方已经开始心不在焉，甚至开始抗拒了。这种时候，我们最好转换话题。

脚尖点地表示警告

当我们与他人交谈时，如果对方不断用脚尖点地板，就是在向我们发出警告：“不要再过来，否则我就不客气了。”这时，我们就应该保持这个距离，不要继续前进。给对方一个安全的范围，才能让双方更好地交流。

脚尖虽然在距离我们大脑最远的地方，但它却能在很多时候反映出一个人最真实的心理活动。因此，当我们仔细观察一个人的脚部动作时，总能发现意想不到的秘密。